Schnelleinstieg in SQLScript für SAP HANA®

Jörg Böke

Willkommen bei Espresso Tutorials!

Unser Ziel ist es, SAP-Wissen wie einen Espresso zu servieren: Auf das Wesentliche verdichtete Informationen anstelle langatmiger Kompendien – für ein effektives Lernen an konkreten Fallbeispielen. Viele unserer Bücher enthalten zusätzlich Videos, mit denen Sie Schritt für Schritt die vermittelten Inhalte nachvollziehen können. Besuchen Sie unseren YouTube-Kanal mit einer umfangreichen Auswahl frei zugänglicher Videos:

https://www.youtube.com/user/EspressoTutorials.

Kennen Sie schon unser Forum? Hier erhalten Sie stets aktuelle Informationen zu Entwicklungen der SAP-Software, Hilfe zu Ihren Fragen und die Gelegenheit, mit anderen Anwendern zu diskutieren:

http://www.fico-forum.de.

Eine Auswahl weiterer Bücher von Espresso Tutorials:

- Christoph Lordieck: **Praxishandbuch BOPF – das Business Object Processing Framework** *http://5314.espresso-tutorials.de*
- Sebastian Abshoff: **Mobile Apps mit den SAP® Cloud Platform Mobile Services** *http://5345.espresso-tutorials.de*
- Dr. Boris Rubarth: **Schnittstellenprogrammierung in SAP® ABAP** *http://5361.espresso-tutorials.de*
- Johannes Gerbershagen: **Qualitätsmanagement in der ABAP-Entwicklung unter SAP®** *http://5393.espresso-tutorials.de*
- Johannes Gerbershagen: **SAP®-Praxishandbuch ABAP Core Data Services (CDS)** *http://5426.espresso-tutorials.de*
- Tobias Steckenborn: **Schnelleinstieg in SAP® Cloud Platform Workflow** *http://5427.espresso-tutorials.com*

Bibliografische Information der Deutschen Nationalbibliothek
Die Deutsche Nationalbibliothek verzeichnet diese Publikation in der Deutschen Nationalbibliografie; detaillierte bibliografische Daten sind im Internet über https://portal.dnb.de abrufbar.

Jörg Böke
Schnelleinstieg in SQLScript für SAP HANA®

ISBN: 978-3-960123-86-6

Lektorat: Anna Regner, Anja Achilles

Korrektorat: Bernhard Edlmann Verlagsdienstleistungen

Coverdesign: Philip Esch

Coverfoto: © BBuilder | ID 1144585906 – istockphoto.com

Satz & Layout: Satzteam Espresso Tutorials

1. Auflage 2021

URL: *www.espresso-tutorials.de*

Feedback:
Wir freuen uns über Fragen und Anmerkungen jeglicher Art. Bitte senden Sie diese an: *info@espresso-tutorials.com*.

Inhaltsverzeichnis

Vorwort

Schön, dass Sie dieses Buch in den Händen halten und sich, wie ich, für die Sprache HANA SQLScript interessieren!

Ich kam 1990 das erste Mal mit SQL in Berührung und habe seither viele Studienaufgaben damit gelöst. Im Laufe meines Berufslebens habe ich SQL manchmal verflucht und war froh, dass im Bereich SAP BW, in dem ich seit Ende der Neunzigerjahre zu Hause bin, am Anfang verhältnismäßig selten SQL benötigt wurde. Das hat sich während der letzten 20 Jahre gewandelt, da die Anforderungen an die Unternehmensdaten immer weiter gewachsen und besonders unter SAP HANA nur durch SQL effizient umsetzbar sind.

Insbesondere aus Gründen der Performance kam es bei dem Einsatz von SQL eigentlich immer auf den optimalen Code an, um möglichst zeitnah eine Antwort von der Datenbank zu erhalten. Im Zeitalter von HANA sieht das etwas anders aus, da Performance kein begrenzender Faktor mehr ist. Dennoch möchte ich Sie dazu anhalten, mehr und effektiver mit SQLScript zu programmieren. Während meiner Beratungstätigkeit habe ich schon eine Vielzahl suboptimaler Implementierungen gesehen, in denen SQLScript leider gar nicht oder schlecht eingesetzt wurde, was aufwendige Nacharbeiten nach sich zog. Damit Ihnen das erspart bleibt, möchte ich mit dem vorliegenden Buch aufzeigen, wo und wann man diese Sprache optimal nutzen kann.

Denn der Einsatz von SQLScript hat zwei positive Effekte: Sie sparen Geld, indem Sie weniger Speicherplatz in der HANA-Datenbank benötigen (Infoprovider können zum Teil entfallen), und verkürzen die Laufzeit für Ihr zu installierendes Projekt.

Zielgruppe

Dieses Buch richtet sich an Projektleiter, die gerne in groben Zügen verstehen möchten, was genau in den implementierten Prozessen geschieht oder wie man diese verbessern kann. Entwickler wiederum lernen hier die SQLScript-Funktionalitäten kennen, mit denen sie eine effiziente HANA-Entwicklung betreiben können.

Das erwartet Sie im Buch

Dieses Buch beschreibt, wie man SQLScript im Alltag einsetzen kann, um z. B. BW-Transformationen zu beschleunigen, eine Migration von ABAP-basierten auf AMDP-basierte Routinen zu ermöglichen oder komplett neue Wege zu beschreiten, beispielsweise mit virtuellem Staging von SAP-BW-Daten durch HANA Table Functions. SQLScript hilft Ihnen aber nicht nur im BW- oder BW/4HANA-Umfeld. Fast alle Scriptbeispiele in diesem Buch sind auch im ECC und insbesondere unter SAP S/4HANA nutzbar.

Ich werde Sie durch die Syntax von HANA SQLScript führen: von einfachen bis zu fortgeschrittenen Anweisungen. Dabei werden Sie lernen, wie Sie mit SQLScript Prozesse beschleunigen, vereinfachen (etwa in SAP BW) oder Szenarien implementieren, die vor der Einführung von HANA aufgrund von zu hohen Laufzeiten in früheren Datenbanken unmöglich waren.

Auch wenn nicht jedes Detail berücksichtigt werden kann – dafür verweise ich auf die SAP-Referenzdokumentation (siehe Kapitel 2) – werden Sie von einfachen Beispielen bis zu den Usecases eine Vielzahl von Anwendungsmöglichkeiten kennenlernen. Zusätzlich erhalten Sie zahlreiche Beispielcodes, die Sie auf Ihrem System einsetzen und testen können.

Alle Listings auch zum Download

Zur einfacheren Nutzung der im Buch aufgeführten Code-Beispiele biete ich Ihnen ein öffentliches Git-Repository auf GitHub, zu dem Sie über folgenden Link gelangen:

https://github.com/thebianalyst/Schnelleinstieg-in-SQLScript-fuer-SAP-HANA.

Warum sollte man Daten immer in Infoprovidern ablegen, wenn man das Ganze mithilfe von Calculation Views und SQLScript dynamisch und virtuell durchführen kann? Hierzu werde ich Ihnen in Kapitel 2 anhand einiger Beispiele aufzeigen, wie Sie sehr einfach komplexe Aufgabenstellungen lösen können.

Im vierten Kapitel des Buches werde ich auf einige Lösungsansätze eingehen, wie SQLScript Sie bei der Überwachung Ihres HANA-Systems unterstützen kann. Es arbeitet dabei Hand in Hand mit einer Vielzahl von technischen Tabellen, die von der SAP mit HANA ausgeliefert werden, um ein komfortables Überwachen Ihres HANA-Systems in Bezug auf Performance, Speicherplatz (DB) und Berechtigungen zu ermöglichen.

Eclipse Studio

Alle Codes und Screenshots in diesem Buch wurden mit *Eclipse Studio* erstellt und getestet, sind jedoch identisch zur HANA-Studio-Installation der SAP.

Auf die Installation von HANA Studio oder Eclipse wird in diesem Buch nicht eingegangen, Grundkenntnisse in beiden Tools setze ich für die Scriptbeispiele voraus.

Widmung

Ich widme dieses Buch meiner Lebensgefährtin, die mir die Zeit und Geduld gegeben hat, meine Erfahrung und Ideen zu Papier bzw. »in ein E-Book« zu bringen.

In den Text sind Kästen eingefügt, um wichtige Informationen besonders hervorzuheben. Jeder Kasten ist zusätzlich mit einem Piktogramm versehen, das diesen genauer klassifiziert:

Hinweis

Hinweise bieten praktische Tipps zum Umgang mit dem jeweiligen Thema.

Beispiel

Beispiele dienen dazu, ein Thema besser zu illustrieren.

Achtung

Warnungen weisen auf mögliche Fehlerquellen oder Stolpersteine im Zusammenhang mit einem Thema hin.

Die Form der Anrede

Um den Lesefluss nicht zu beeinträchtigen, verwenden wir im vorliegenden Buch bei personenbezogenen Substantiven und Pronomen zwar nur die gewohnte männliche Sprachform, meinen aber gleichermaßen Personen weiblichen und diversen Geschlechts.

Hinweis zum Urheberrecht

Zum Abschluss des Vorwortes noch ein Hinweis zum Urheberrecht: Sämtliche in diesem Buch abgedruckten Screenshots unterliegen dem Copyright der SAP SE. Alle Rechte an den Screenshots hält die SAP SE. Der Einfachheit halber haben wir im Rest des Buches darauf verzichtet, dies unter jedem Screenshot gesondert auszuweisen.

1 Einführung in SAP HANA SQL und SQLScript

Im ersten Kapitel dieses Buches möchte ich Sie in die Grundlagen von SQL einführen. Hier geht es um die Basisterminologie, die in HANA SQLScript verwendet wird. Zusätzlich werden die ersten Schritte angesprochen, wie das Anlegen von Tabellen, die wir im weiteren Verlauf des Buches nutzen werden. SQLScript ist keine von SQL unabhängige Sprache, sondern ermöglicht es dem Anwender, eine Vielzahl von Befehlen zu kombinieren und automatisiert auszugeben.

Seit der Einführung der *HANA Database* (im Folgenden nur noch *DB* genannt) und deren Verwendung z. B. unter SAP BW (Business Warehouse) oder SAP ECC (ERP Central Component) wurde der Einsatz von SQL immer interessanter.

1.1 Geschichte von SQL

SQL wurde 1970 erfunden und seit dieser Zeit immer mehr erweitert. Es handelt sich dabei zwar um eine Standardprogrammiersprache, aber wie bei allen Sprachen (etwa Englisch oder Deutsch) existieren zu SQL auch Dialekte, die datenbankabhängig sind (etwa Oracle, IBM, Microsoft).

SQL-Syntax in diesem Buch

Wir werden uns in diesem Buch ausschließlich mit SQL der HANA DB beschäftigen.

Alle SQL-Aspekte beruhen auf einem relationalen Datenmodell, das die Tabellen des relationalen Modells in Beziehung setzen kann. Hier spricht man auch von *Datenbank-Views*. Ich werde Ihnen im Buch aufzeigen, wie man Tabellen anhand dieser Views mittels SQLScript verknüpft.

1.2 Definition von SQL

Die *Structured Query Language*, kurz *SQL*, ist eine standardisierte Programmierungssprache zur Definition von Objekten (wie z. B. Tabellen) in einer Datenbank. Diese Objektdefinition bzw. deren Abfrage kann je nach Anforderung einfach oder komplex sein. Außerdem lassen sich mittels SQL Daten abfragen oder andere Objekte wie Views oder Prozeduren anlegen. SQL kann zusätzlich zu den Datenabfragen Objekte direkt definieren und die Abfragen anhand von SQLScript komplex erweitern.

Wenn Sie SQL in einem HANA-basierten SAP-System aufrufen, finden Sie in der Regel bereits eine Vielzahl an Tabellen vor, die durch die SAP definiert und ausgeliefert wurden.

Manchmal ist es trotz der enormen Leistungsfähigkeit von HANA durchaus sinnvoll, neue Tabellen anzulegen, um bestimmte Daten mittels SQL, wenn auch nur temporär, zwischenzuspeichern. Dies kann dazu dienen, die Performance zu erhöhen und bestimmte Prozeduren lesbarer zu halten. Daher sollte Ihnen das Anlegen und Löschen von Tabellen ebenfalls bekannt sein. Dieses Buch wird Sie dabei Schritt für Schritt unterstützen.

1.3 Definition von SQLScript

Abbildung 1.1 zeigt eine vereinfachte Darstellung der Definition von HANA SQLScript. Wie Sie erkennen können, erweitert SQLScript die Sprache SQL sowohl um die von Ihnen erstellten funktionalen Ergänzungen, wie eigene Prozeduren oder Funktionen, als auch um die Verwendung von Schleifen oder komplexen Logiken zur Steuerung des Ablaufs (IF ... THEN ... etc.).

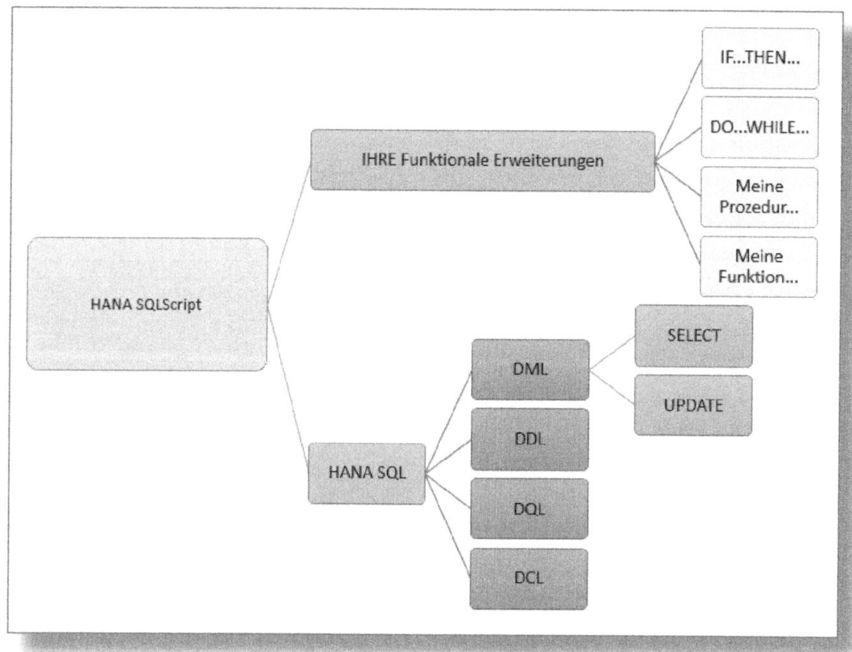

Abbildung 1.1: Funktionalität von HANA SQLScript

Ein wesentlicher Unterschied zwischen reinem SQL, bei dem ein Datumsfeld nach Selektion im zweiten Schritt mittels `SELECT DATE FROM TABLE XYZ` umgerechnet werden muss, und SQLScript ist, dass Letzteres diese Vereinfachungen der Syntax sowie eine gewisse Funktionalität bereits beinhaltet.

So kann z. B. über `SELECT CURRENT_UTCDATE FROM DUMMY` die automatische Rückgabe des UTC-Datums (Greenwich Mean Time) abgefragt oder alternativ mit Offsets wie `+1`, wodurch eine Stunde auf das Datum addiert wird, gearbeitet werden.

Die DB kann automatisch auf die gesetzten Vorgaben reagieren und so beispielsweise bei der Ermittlung eines Datums die Verschiebung der Zeitzonen berücksichtigen. Dabei werden alle notwendigen Additionen und Subtraktionen sowie die Verschiebung des Datums von der Datenbank übernommen. Eine Abfrage an die Datenbank, um eine bestimmte Funktionalität wie die Anonymisierung von Daten zu nutzen, müssen Sie nicht »von Hand« programmieren, sondern können diese mit SQLScript direkt aufrufen (ähnlich dem Aufruf von Funktionen/Prozeduren, die später noch erläutert werden).

SQLScript soll Sie in die Lage versetzen, auch komplexe DB-Funktionalitäten mit wenigen Zeilen Code aufzurufen und auszuführen.

Ein weiterer Unterschied zum klassischen SQL ist, dass SQLScript Parameter für Filterungen und Einschränkungen der Daten unterstützt.

Außerdem lassen sich Geschäftslogiken wie eine Währungsumrechnung oder Datumskonvertierung zu einem Stichtag durch SQLScript realisieren. Hierzu finden Sie ein Beispiel in Abschnitt 1.14.9.

SQLScript sollte immer dann eingesetzt werden, wenn die Funktionalität von z. B. grafischen Calculation Views zur Datenermittlung nicht ausreicht.

Scripted Calculation Views

Bitte verwenden Sie keine »Scripted« Calculation Views mehr. Deren Nachfolger sind die sogenannten *Table Functions.*

Ich werde auf Table Functions im Abschnitt 2.3 näher eingehen.

Im Gegensatz zur Entwicklung in SAP ABAP, bei der die Daten aus einer Tabelle in Schleifen von der Datenback in den Applikationsserver geladen werden, wird SQLScript-Code direkt in der Datenbank ausgeführt. Dadurch ist für den Endanwender nur das fertige Ergebnis auf dem Applikationsserver aufrufbar.

Der Sinn von SQLScript ist, möglichst viel der programmierten Logik direkt innerhalb der Datenbank auszuführen, um das Netzwerk zu entlasten. Es dient in allen Bereichen wie AMDP, Calculation Views, Core Data Services oder native HANA-Entwicklung dazu, eine höchstmögliche Parallelität für Aufgaben in der Datenbank zu realisieren. Der *SQL Optimizer* versucht bei jeder Ausführung einen optimalen Zugriff zu ermöglichen.

Als kleines Beispiel dazu soll Ihnen eine klassische SAP BW Query dienen, in der eine Ausnahmeaggregation durchgeführt wird.

SAP-BW-Abfrage

Stellen Sie sich vor, dass eine BW Query den Umsatz eines Produktes je Land liefert. Sie möchten jedoch zusätzlich den durchschnittlichen Umsatz pro Kunde angezeigt bekommen.

Annahme:

- Ihr Infoprovider, z. B. Advanced Data Store Object (ADSO), oder Ihre Tabelle beinhaltet eine Million Datensätze auf Kundenebene für ein selektiertes Geschäftsjahr.
- Die Anzahl der Kunden im selektierten Geschäftsjahr beträgt 20.

Im **klassischen BW** werden alle Daten, eine Million in diesem Beispiel, für das selektierte Geschäftsjahr auf den Applikationsserver übertragen. Dort wird im *Online Analytical Processing (OLAP)* für die 20 Kunden der Durchschnittswert ermittelt. Es bleiben also 20 Datensätze übrig, wobei der Rest verworfen wird, da diese nicht benötigt werden.

Nun nehmen Sie für das klassische BW an, dass eine Million Datensätze über das Netzwerk 12 Sekunden benötigen, dass die Aufbereitung in der DB 3 Sekunden und die OLAP Engine von SAP BW weitere 3 Sekunden Laufzeit in Anspruch nehmen.

Bei **SQLScript** findet die Berechnung direkt in der DB statt, und nur die erwünschten 20 Datensätze werden übertragen. Neben der guten Grundperformance der Datenbank wird dadurch Netzwerklaufzeit und Zeit beim OLAP-Prozess auf dem Applikationsserver gespart. Zudem werden CPU und Memory des Applikationsservers geschont.

Die Rechnung für SQLScript fällt deutlich vereinfacht aus: Das Netzwerk benötigt unter einer Sekunde für 20 Datensätze, OLAP fällt gänzlich aus und die DB-Berechnung dauert je nach Auslastung der CPUs ebenfalls maximal eine Sekunde.

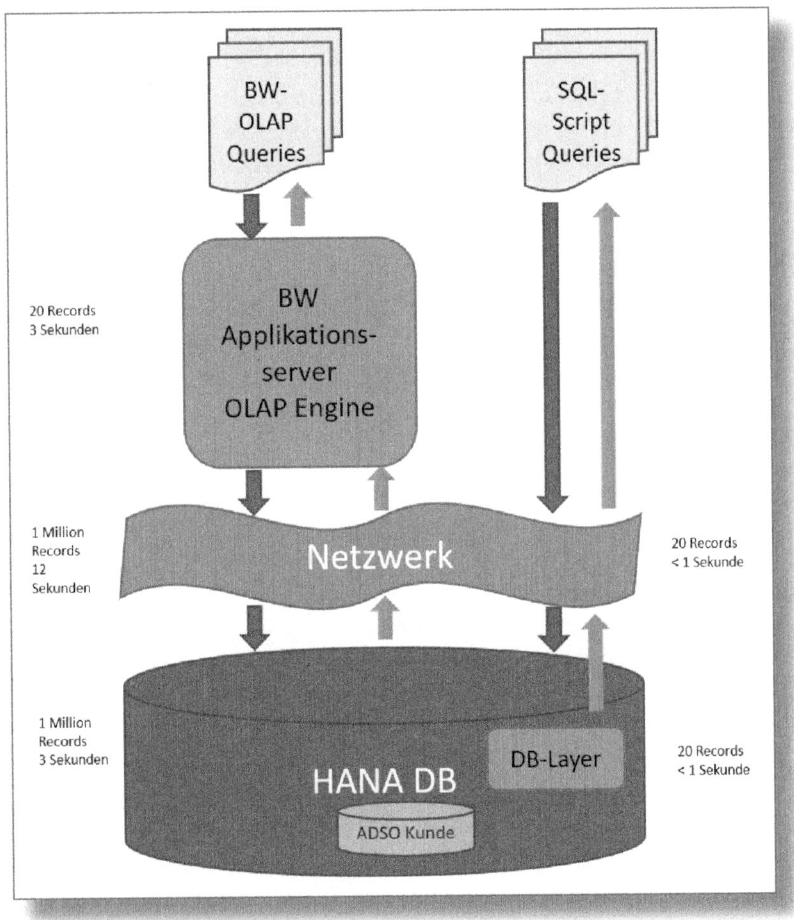

Abbildung 1.2: BW OLAP versus SQLScript

Wir haben somit im Vergleich zwischen dem klassischen BW (18 Sekunden) und SQLScript (2 Sekunden) einen Laufzeitunterschied von 16 Sekunden, der aber zulasten des BW durchaus auch höher ausfallen kann.

Abbildung 1.2 zeigt eine angenommene Ausführung mit den exemplarischen Laufzeiten von Queries. Eine Query bezieht sich im Beispiel auf eine in SAP BW mit dem Business Explorer (BEx) durch den Query Designer erstellte Abfrage.

1.4 SAP ABAP oder SQLScript

Kann man SQLScript aufgrund der Performance auch in ABAP nutzen?

Ja, in einer HANA-Umgebung wie SAP BW, BW/4HANA oder SAP S/4HANA sollte versucht werden, die Datenlast in der DB zu halten. Hierzu hat die SAP im BW-Umfeld die *ABAP Managed Database Procedures (AMDP)*, z. B. für Transformationen und *Core Data Services (CDS) Views*, eingeführt, die den Code kapseln sollen.

AMDP sind spezielle ABAP-Prozeduren, die Sie mit SQLScript programmieren, aber analog zu normalen ABAP-Prozeduren aufrufen können.

CDS-Views sind durch SQLScript programmierbare Sichten auf Daten, wie BW-Tabellen oder Abfragen in S/4HANA an die Tabelle ACDOCA, die wie Tabellen in SQL Queries (sowohl ABAP als auch SQLScript) eingebunden werden können. Der große Vorteil ist, dass durch Annotationen in den CDS-Views bestimmt werden kann, ob es sich um eine Tabelle oder einen Endanwenderreport handelt. Beispiele hierzu finden Sie im Abschnitt 2.4.

1.5 SQL/SQLScript – Basiswissen

Wie bereits am Anfang beschrieben, dreht sich bei SQL und SQLScript alles darum, Daten aus der Datenbank zu lesen, neue Daten zu erfassen oder diese zu verändern. Oftmals werden für die verschiedenen Funktionen Kürzel verwendet, die ich Ihnen nun erläutern möchte.

1.5.1 Definitionstypen

Seit dem Erscheinen dieser Datenbanksprache hat man SQL nach und nach in vier Bereiche unterteilt:

- *Data Definition Language (DDL)*: Definition von Objekten (z. B. Tabellen)
- *Data Manipulation Language (DML)*: Einfügen von Daten in Tabellen, Löschen oder Modifizierung von Daten
- *Data Control Language (DCL)*: Erstellung von Usern und deren Zugriffsrechten auf Tabellen, Funktionen etc.
- *Data Query Language (DQL)*: Definition von Abfragen auf Daten, um spezifische Werte zu sehen (Filter, Aggregationen, Kennzahlenberechnung)

Wie in Abbildung 1.3 ersichtlich, greifen alle vier genannten Funktionen auf die zentrale Instanz *Database Management System (DBMS)* der Datenbank zu. Das DBMS verwaltet die Anfragen und stellt sicher, dass der Zugriff eines Users auf bestimmte Tabellen (mit DQL) erlaubt oder verhindert wird, je nach Definition der Berechtigung über DCL.

Wenn eine HANA DB neu installiert wird, stehen eventuell, bis auf die durch HANA generierten internen Tabellen, noch keinerlei kundeneigene Tabellen zur Verfügung. Die Funktionalität der verschiedenen SQL-Bereiche ist dennoch ab dem Moment der Installation gegeben.

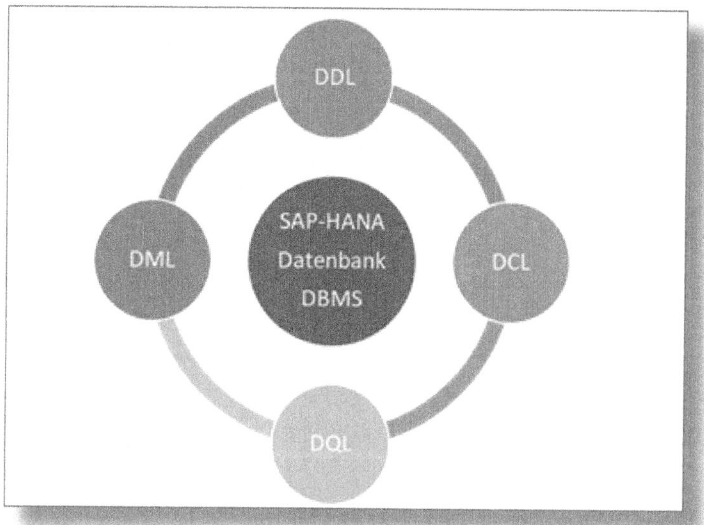

Abbildung 1.3: Darstellung der DBMS und SQL-Funktionalität

1.5.2 Relationale Modelle

Bei Verwendung von SAP-Lösungen sind auf der Datenbank im DBMS normalerweise bereits viele von der SAP ausgelieferte Tabellen (Kunde, Material, Bestellungen etc.) vorhanden, die das betriebswirtschaftliche Modell einer Firma abbilden. Die verschiedenen Tabellen stehen über das relationale Datenmodell in Verbindung. In der Regel beinhalten sie nur Schlüsselwerte und keine Texte.

Abbildung 1.4 zeigt am Beispiel eines SAP-Kundenstamms (Tabelle KNA1), wie ein Kunde mit dem Vertriebsbeleg sowie den Auftragsstammdaten von Ländern und Branchen verknüpft ist. Diese relationale Darstellung werden Sie in ähnlicher Weise für die folgenden Aufgaben nutzen.

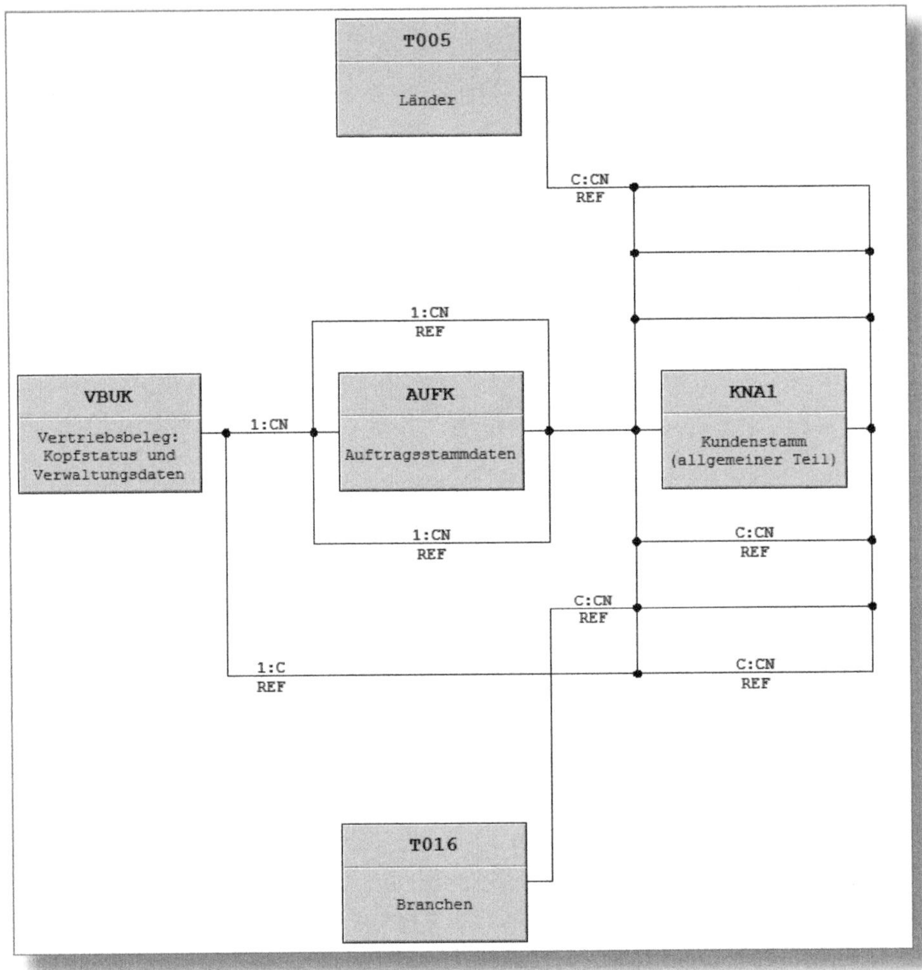

Abbildung 1.4: Relationales Datenmodell am Beispiel SAP-Kundenstamm (Tabelle KNA1)

Für die ersten Beispiele werden Sie zunächst eigene Tabellen anlegen (DDL), mit Daten füllen (DML) und diese in Relation zueinander abfragen (DQL), sofern Ihre Berechtigungen (DCL) dies zulassen. Die von Ihnen angelegten Tabellen werden Sie im Verlauf dieses Buches begleiten und dienen dazu, die SQLScript-Beispiele auszuführen.

1.6 SQL-Objekttypen

Innerhalb der vom DBMS verwalteten Datenbank gibt es verschiedene Objekttypen, die ich im Detail in den Abschnitten 1.10 bis 1.12 ansprechen und in Übungen und Beispielen nutzen werde. An dieser Stelle gebe ich Ihnen vorab schon einmal eine kurze Definition der wichtigsten Objekttypen:

- Tabellen (zeilen- oder spaltenbasiert) = physikalischer Datenbestand
- Views = Sicht auf eine oder mehrere Tabellen
- Indizes = Performanceoptimierung für Tabellenzugriffe
- Funktionen = Einfache Funktionalität als globales Objekt (z. B. »Multipliziere A * B und gib den Wert zurück«)
- Prozeduren = Komplexe Prozeduren (»Stored Procedures«), um vielschichtige Aufgaben zu lösen (beispielsweise die Übergabe von Kundennummer und Analyse einer Tabelle, um bestimmte Fragestellungen zu beantworten)
- Trigger = Start/Ausführung einer Aktion nach bestimmten Events der Datenbank

SQLScript-Operatoren

In der Sprache SQLScript werden Operatoren dazu genutzt, Werte zu berechnen oder zu vergleichen.

- *Arithmetische Operatoren* berechnen ein Ergebnis aus den Operanden, wie z. B. C = A + B:
  - Addition (+)
  - Subtraktion (−)
  - Multiplikation (*)
  - Division (/)
- *Vergleichsoperatoren* vergleichen zwei oder mehr Werte, wie z. B. IF (A > 100), und liefern ein Boolean-Ergebnis (TRUE, FALSE bzw. UNKNOWN). Der Rückgabewert UNKNOWN wird

von der DB geliefert, sofern ein Wert der Operanden NULL als Ergebnis liefert oder ist:

- Gleich (=)
- Ungleich (!= oder <>)
- Größer (>)
- Kleiner (<)
- Kleiner gleich (<=)
- Größer gleich (>=)

- *Vergleichsoperator der DB-Tabelleninhalte*: eine Abfrage, ob eine Spalte/Zeile einer Tabelle einen Wert hat, wie z. B. `Select * from A Where "Spalte" IS NULL`:
  - Spalte/Zeile hat keinerlei Wert (IS NULL)
  - Spalte/Zeile hat irgendeinen Wert (IS NOT NULL)

Ausnahmen bei Vergleichsoperatoren bei NULL-Werten

Dieser Operator ist besonders, da nicht mit (Spalte = NULL) oder ("Spalte" != NULL) gearbeitet werden kann!

- *Logische Operatoren* verknüpfen ein oder mehrere Vergleiche oder Selektionen, wie z. B. `IF(A > 100) AND (B < 5)`:
  - Und-Verknüpfung (AND)
  - Oder-Verknüpfung (OR)
  - Nicht-Verknüpfung (NOT)
- *Set-Operatoren* verknüpfen Statements der Datenbank SQLScript, wie z. B. `Select * from A UNION Select * from B`:
  - Verknüpfung von zwei oder mehr Statements **OHNE** Duplikate im Ergebnis (UNION)
  - Verknüpfung von zwei oder mehr Statements **INKLUSIVE** aller Duplikate im Ergebnis (UNION_ALL)

- Verknüpfung von zwei Statements, aber Entfernung der Ergebnisse der zweiten Query aus dem Ergebnis der ersten Query (EXCEPT)
- Verknüpfung von zwei Statements und Schnittmenge der beiden Ergebnisse (INTERSECT)

1.7 HANA-Schema

Als *HANA-Schema* werden Bereiche benannt, in denen Tabellen erstellt werden und die je nach Schemaname gesonderte Zugriffsberechtigungen erhalten können.

Die HANA-Datenbank legt Daten in verschiedenen, voneinander getrennten Schemas ab, die in Abbildung 1.5 dargestellt sind. Schemas können dazu dienen, Daten physisch und berechtigungstechnisch voneinander zu trennen, obwohl diese gemeinsam in einer zentralen DB abgelegt werden.

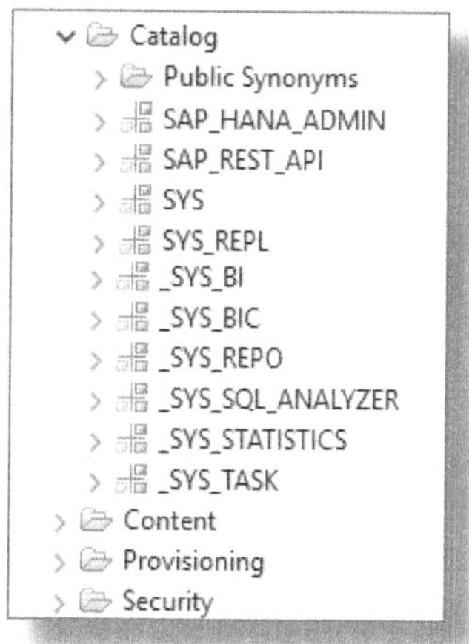

Abbildung 1.5: Darstellung eines HANA-DB-Schemas

Einige dieser Schemas sind durch die SAP vorgegeben und dienen der internen Verwaltung der DB. Wie in Abbildung 1.5 ersichtlich, erkennt man die SAP-generierten Schemas meist am Präfix »_SCHEMA_

NAME«, z. B. »_SYS_TASK«. Je nach Berechtigung können Sie auch eigene Schemas anlegen.

Sobald Sie über einen Zugang oder Benutzer auf der HANA-DB verfügen, erstellt Ihnen das HANA-System automatisch ein eigenes User-Schema, welches (Default) für Sie sicht- und nutzbar ist. Der Name Ihres User-Schemas ist durch Ihren Benutzernamen festgelegt, daher kann er nicht verändert werden.

Die Zugriffsberechtigung jedes Schemas läasst sich individuell generieren, wodurch die Tabellen verschiedener Schemas nur für Anwender mit der entsprechenden Berechtigung nutzbar sind.

Erstellen eigener Kunden-Schemas

Ich empfehle unbedingt, für alle kundenspezifischen Programmierungen und Anlagen von DB-Objekten ein eigenes Schema anzulegen.

Dies dient dazu, alle Objekte in Ihrem »Kundenbereich« zu klammern und die passenden Zugriffsberechtigungen zu erteilen. Ebenso vereinfacht ein eigenes Schema das »Debugging« im Fehlerfall.

1.8 HANA-Unload-Priorität

HANA ist bekannt dafür, über die In-Memory-Funktionalität maximale Performance zu gewährleisten. Das ist aber nicht unbedingt in allen Fällen notwendig.

Hierzu ein Beispiel: Stellen Sie sich vor, einige Ihrer Tabellen beinhalten Daten, die Sie nur sporadisch benötigen, z. B. Daten von den Jahren 1990 bis 2000. Warum sollten diese Daten höchst performant im »heißen« Speicher und nicht im »kalten« Bereich, d. h. auf der Festplatte, abgelegt sein?

Für die Verwaltung von Daten im heißen Speicher benutzt HANA die sogenannte *Unload Priority*. Sie bestimmt, wann nicht mehr benötigte Daten aus dem Speicher entfernt und/oder wieder eingefügt werden.

Abbildung 1.6: Unload Priority von heißen und kalten Daten

Es stehen die Werte aus Tabelle 1.1 zur Verfügung:

Unload Priority	Bedeutung
0	Temporäre und System-Tabellen, die nicht entladen werden dürfen.
5 (Default)	Alle Tabellen bekommen diese Priorität als Default, sofern nichts anderes definiert ist.
7	BW-Tabellen (PSA, ADSO) Je nach Definition als PSA- oder ADSO-Tabelle können diese auch Priorität 5 haben und nicht so schnell ausgelagert werden.

Tabelle 1.1: Status von Unload-Prioritäten

Weitere Hinweise zu Loads und Unloads finden Sie im SAP Knowledge Base Article (KBA): 2127458 – FAQ: SAP HANA Loads and Unloads.

Sie werden diese Funktionalität auch bei der SQL-Definition Ihrer Salesdaten verwenden (siehe Abschnitt 1.12.2).

1.9 HANA Delta Merge

Aus Leistungsgründen werden Daten, z. B. neue Kunden- oder Salesdaten, innerhalb der HANA DB nicht sofort in der Haupttabelle aktualisiert, sondern erst in deren Deltaspeicher schreiboptimiert abgelegt.

Nach definierten Kriterien, auf die ich nicht im Einzelnen eingehe, wird dann ein Delta Merge ausgeführt, welches das Delta und die Hauptdaten zusammenführt (siehe Abbildung 1.7), um eine optimale Komprimierung der Daten zu erreichen.

Wenn der Delta Merge über eine längere Zeit nicht ausgeführt wird, kann dieser manuell über SQLScript angestoßen werden. Näheres hierzu finden Sie im SAP KBA: 2057046 – FAQ: SAP HANA Delta Merges.

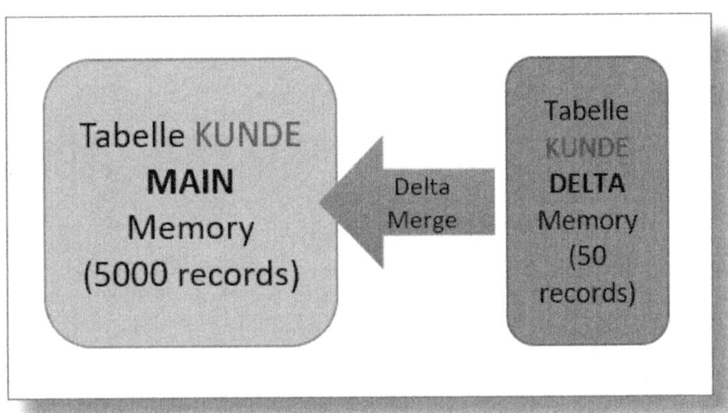

Abbildung 1.7: Delta Merge der Tabelle »Kunde«

1.10 Namenskonventionen SQLScript

Bei der Namenskonvention innerhalb der SQL-Syntax unter HANA kann bzw. sollte man Folgendes beachten:

Eine Abfrage an eine Tabelle im SQL-Editor, wie z. B.

```
SELECT vorname, land from kunde
```

kann zu einem Ergebnis wie in Abbildung 1.8 führen, da die physikalische Tabelle mit dem Namen KUNDE angelegt wurde und obige Abfrage von der DB automatisch als KUNDE (in Großbuchstaben) interpretiert wird.

SQL | Result

```
select vorname, land from Kunde
```

	VORNAME	LAND
1	Jim	DE
2	Jack	US
3	Mary	DE
4	Jim	US
5	Robby	GB
6	Lynn	US
7	Anne	DE
8	Mike	FR
9	Susan	IT
10	Jay	XX

Abbildung 1.8: Namenskonvention

Bei jeder Definition von Tabellen oder deren Abfrage ist es also wichtig, ob eine Namenskonvention eingehalten oder ob sie übersteuert wurde.

1.10.1 Grundsätzliche Namenskonvention für HANA SQLScript

SQL unterscheidet nicht zwischen Groß- und Kleinschreibung, es sei denn, Sie setzen die Namen der Datenbanktabellen und -felder in Hochkommas.

Für SQL-Befehle gibt es den ungeschriebenen Standard: Großschreibung.

SQL-Syntax in diesem Buch

In einigen Ratgebern werden SQL-Kommandos grundsätzlich großgeschrieben und auch von manchen Editoren automatisch in Großbuchstaben umgewandelt. Im Buch verwende ich mal die Groß- und mal die Kleinschreibung der SQLScript-Befehle, um darzustellen, dass dieses für die Ausführung unerheblich ist.

```
Select vorname, land from kunde
```

```
Select voRName, land from kUndE
```

Beide Codezeilen führen bei der Ausführung zu einem identischen Ergebnis.

Abfrage ohne Schemaangabe

```
SELECT vorname, land from kunde
```

Der Code bezieht sich auf das Benutzerschema, da nicht explizit ein Schemaname angegeben wurde, wodurch die Tabelle »Kunde« in dem Schema existent sein muss.

1.10.2 HANA-Schemadeklaration

Wenn keine Tabellen im Benutzerschema angesprochen werden, muss der Schemaname vor dem Tabellennamen angegeben werden.

Schema- und Tabellenname sind durch einen Punkt voneinander getrennt.

Der folgende SQL-Code bezieht sich auf das Schema »MEIN_SCHEMA« und die dort erstellte Tabelle »Kunde«:

```
Select vorname, Land from MEIN_SCHEMA.KUNDE
```

1.10.3 Notation von Schema und Tabellen oder Tabellenfeldern

Alle Angaben in SQLScript, die Sie mit einem Hochkomma versehen, werden in HANA als *Case-sensitive* behandelt, was bedeutet, dass alles genau auf Grundlage Ihrer Eingabe übernommen wird. Dadurch werden auch fehlerhafte Eingaben, wie Leerzeichen, berücksichtigt. Das folgende Statement würde dazu führen, dass alle angelegten Spalten mit der exakten Bezeichnung und dem jeweiligen Leerzeichen angesprochen werden müssen:

```
CREATE TABLE MY_TABLE("UID" int, " UID" int , "UID " int);
```

Spaltennamen müssen nicht mit Hochkomma eingegeben werden, sofern diese nicht mit Kleinbuchstaben angelegt wurden. Abfragen mit Hochkomma sind somit obsolet.

Abfrage mit und ohne Hochkomma für Felder/Spalten

- `Select vorname, land from kunde:`

  Dies liefert ein Ergebnis aus dem Schema des Benutzers, da die Tabelle nur mit Großbuchstaben in den Spalten angelegt und kein Schema explizit angegeben wurde.

- `Select "vorname", "land" from "kunde":`

> Dies liefert KEIN Ergebnis, da die Tabelle nur mit Großbuchstaben angelegt wurde, hier aber durch die Hochkomma-Syntax explizit nach einer Spalte und Tabelle »kunde« gesucht wurde.
>
> Ergebnis: Die Datenbank findet die Tabelle »kunde« nicht, da diese als »KUNDE« angelegt wurde.
>
> Statt eines Ergebnisses liefert die Abfrage den Fehler
>
> *Could not execute 'Select "vorname", "land" from "kunde"'*
>
> *SAP DBTech JDBC: [259]: invalid table name: Could not find table/ view kunde in schema.*

Falls eine Tabelle mit dem folgenden Befehl angelegt wurde, beinhaltet der physische Tabellenname auch Kleinbuchstaben.

```
CREATE COLUMN TABLE "Kunde"
```

Wenn Sie die in Abbildung 1.9 gezeigten Ergebnisse abrufen wollen, also

- Tabelle »Kunde« (Zeile 1) und
- Tabelle KUNDE oder kunde (Zeile 2),

so müssen die Tabelle »Kunde« in Zeile 1 mit und die Tabelle »KUNDE« in Zeile 2 mit oder ohne Hochkomma angelegt werden, wobei kein Hochkomma automatisch zur Großschrift bei Tabellen- und Spaltennamen führt.

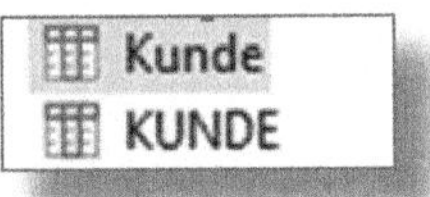

Abbildung 1.9: Darstellung der Tabelle »Kunde« je nach Deklaration

Im ersten Fall (»Kunde«) muss diese Tabelle bei Abfragen mit einem Hochkomma angesprochen werden, da sonst kein Ergebnis geliefert wird, weil die Tabelle explizit mit Kleinbuchstaben im Namen deklariert wurde.

```
Select * from "Kunde"
```

Beide Tabellen können existieren und je nachdem, ob Sie die Tabelle Kunde oder KUNDE ansprechen, unterschiedliche Ergebnisse liefern.

Vermeiden Sie Hochkomma-Deklarationen

Ich empfehle, alle Tabellen und Spalten in Großbuchstaben anzulegen, ohne Hochkomma-Deklaration. Das spart Ihnen später Zeit bei den Abfragen und vermeidet viel Arbeit bei der Fehlersuche. Grundsätzlich sollten Tabellennamen eindeutig sein, daher sollten die Bezeichnungen Kunde und KUNDE in Ihrem Datenmodell nicht koexistieren!

Ausnahme: Tabellen mit Sonderzeichen

Eine Ausnahme bildet der Zugriff von Infoprovidern auf SAP-BW-Tabellen, da diese Sonderzeichen beinhalten. Jegliche Tabellen, die mit Sonderzeichen beginnen, müssen explizit mittels Hochkomma-Deklaration adressiert werden. Im SAP-Umfeld werden weiterhin Großbuchstaben bei der Namensgebung der Tabellen verwendet.

Ein Zugriff mittels SQL auf z. B. ein advanced Datastore Object (aDSO) in der Form

```
Select * from MY_BW_SCHEMA./BIC/AMEIN_ADSO2
```

ist aufgrund der Sonderzeichen im Tabellennamen nicht möglich und liefert den Fehler »Tabelle unbekannt«. Hier muss die Abfrage wie folgt lauten:

```
Select * from "MY_BW_SCHEMA"."/BIC/AMEIN_ADSO2"
```

Wie bereits erwähnt, sollte stets ein eigenes Schema zur Anlage kundeneigener Objekte gewählt werden. Dadurch verlängert sich zwar der Code eines Select-Statements um den gewählten Schemanamen, jedoch überwiegen die Vorteile bei Weitem.

Das aktuelle Schema, in dem Sie gerade arbeiten, erhalten Sie durch den Befehl:

```
SELECT CURRENT_SCHEMA AS "Current schema" FROM DUMMY;
```

Nutzung von Komma

Zur Trennung von Tabellenfeldern bei der Abfrage oder dem Einfügen von Daten ist das Komma notwendig. Auch hier gibt es in Ratgebern verschiedene Ansichten. Für die Ausführung in SQLScript ist das Komma als Trennzeichen der Feldnamen relevant, nicht aber dessen Position. In diesem Buch verwende ich das Komma am Ende des ersten Feldnamens.

Das Komma in der Deklaration von Tabellenfeldern kann am Ende des ersten oder am Anfang des zweiten Feldnamens eingegeben werden.

Dazu zwei Beispiele:

```
Select vorname,
       name,
       land,
       plz,
       ort
from "Kunde"
```

```
Select vorname
       ,name
       ,land
       ,plz
       ,ort
from "Kunde"
```

Beide Beispiele liefern das gleiche Ergebnis, die unterschiedlichen Schreibweisen hängen mehr mit der Ästhetik der Lesbarkeit zusammen. Sie sollten sich aber für eine einheitliche Schreibweise innerhalb Ihres SQLScript entscheiden.

1.10.4 Schemadeklaration von HANA Multitenant

Ab HANA 2.0 ist jede HANA-Datenbank Multitenant-fähig. Das bedeutet, dass in einer physikalischen Datenbank z. B. zwei oder mehr Datenbank-Tenants, somit auch komplette SAP-Systeme, existieren können. Durch SQL-Abfragen und Customizing der Datenbank, wobei der Durchgriff auf Tenants freigeschaltet werden muss (Detailinformation dazu finden Sie im HANA Developer Guide der SAP), werden auf diese Weise übergreifende Abfragen an die Daten ermöglicht.

Bei Verwendung von HANA 2.0 Multitenant-Datenbanken, auch als *Multi Database Container (MDC)* bekannt, muss für »Cross-database«-Abfragen die Tenant DB vor Schema- und Tabellennamen angegeben werden:

```
Select TENANT.SCHEMA.TABELLE
```

- Die Abfrage an eine Tabelle wird in der Regel unter Einbeziehung des Schemas erstellt:
  - Der Schemaname ist führend vor dem Tabellennamen.
  - Die Spaltennamen sind alle in Großbuchstaben angelegt, daher wird bei Abfragen die Schreibweise mit Hochkomma redundant.
- Wenn kein Schemaname angegeben wird, versucht das System stets, aus dem Benutzerschema zu lesen.

1.10.5 Konvention bei Typ einer Tabelle

In diesem Buch gehe ich nicht auf das Pro und Kontra von zeilen- oder spaltenbasierten Tabellen ein, da dies den Rahmen dieses Werkes sprengen würde. Grundlegend kann man aber die jeweiligen Vorteile wie folgt beschreiben:

- Zeilenbasierte Tabelle (Typ: ROW Store)
  - optimal, wenn der Inhalt einer gesamten Zeile gelesen werden soll (z. B. für Druck- oder Listenausgaben)
- Spaltenbasierte Tabelle (Typ: COLUMN Store)
  - optimiert für Komprimierung
  - schnellerer Lese- und Schreibzugriff
  - schnellere Aggregation und Berechnung von Werten

In Eclipse und in HANA Studio werden die beiden Tabellentypen nur durch unterschiedliche Icons dargestellt:

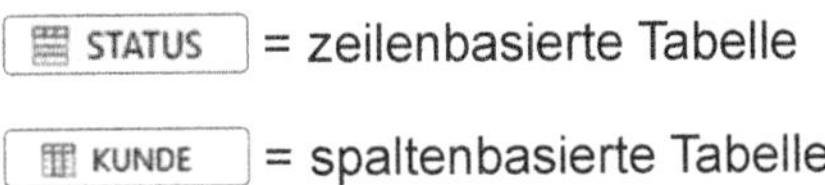

Für die Beispiele in diesem Buch werden Sie ausschließlich Tabellen vom Typ COLUMN Store verwenden, wie im nächsten Abschnitt zu sehen ist.

1.10.6 DML-Syntax zum Einfügen von Daten

Bei der Syntax, mit der Daten in eine Tabelle eingefügt werden (siehe Abschnitt 1.12.1), muss erst die Angabe der Spalten (UID, VORNAME, NACHNAME, EMAIL etc.) und dann die der eigentlichen Daten in der richtigen Reihenfolge (`1,'Susan', 'Meier', 'sume@mail.de'`) erfolgen.

Je nach Definition des Spaltentyps der Tabelle (VORNAME als zeichenartige, 20-stellige Spalte, oder PLZ als *Integer*) testet die Datenbank automatisch, ob die Werte korrekt sind. Wenn Sie bei der PLZ versehentlich ALPHA-Zeichen eingegeben haben, würde die DB dies verweigern und der Vorgang zu einem Fehler führen. Hier können Sie durch die Definition des Datentyps Fehleingaben bereits im Vorfeld vermeiden.

Zeichenartige Werte wie VORNAME sind mit einfachem Apostroph einzubinden, z. B. 'Susanne'. Durch den Apostroph wird auch die jeweilige Groß- und Kleinschreibung berücksichtigt.

1.10.7 Null oder NULL

Ein wichtiger Aspekt in der HANA-Datenbank ist der Wert NULL. Hiermit ist nicht der dezimale Wert »0« (null) gemeint, sondern der DB-Wert NULL. Während sich in einer Tabelle Werte beispielsweise auf null (0) summieren (10 € – 10 € = 0 €) oder als null (0) abgelegt werden können, bedeutet der Wert NULL, dass in der Spalte/Zeile der Tabelle kein Wert vorhanden ist. Beim Anlegen einer Tabelle kann man definieren, ob eine Spalte den Wert NULL beinhalten darf oder ob dieser als NOT NULL definiert ist (siehe Abschnitt 1.11). Im zweiten Fall (NOT NULL) muss explizit ein Wert abgelegt werden, ansonsten gibt die DB bei der Befüllung der Tabelle einen Fehler aus.

Zusätzlich lässt sich bei der Abfrage einer Tabelle auch NULL als Kriterium verwenden, um Fehler zu vermeiden.

Vergleich mit Operatoren auf NULL

Wie schon bei den Operatoren erwähnt (vgl. Abschnitt 1.6), ist eine Abfrage über NULL nicht mit dem Standard-Vergleichsoperator »=« bzw. »!=« möglich, da diese Abfrage **kein** Ergebnis liefern würde. Eine Abfrage auf NULL erfordert immer »IS NULL« oder »IS NOT NULL«.

So könnte die SQL-Abfrage für »Zeige mir alle Kunden an, bei denen die Postleitzahl nicht gepflegt wurde« wie folgt aussehen:

```
SELECT * FROM KUNDE WHERE PLZ IS NULL
```

Das Gegenteil wäre die Abfrage »Zeige alle Kunden, für die die PLZ gepflegt ist«:

```
SELECT * FROM KUNDE WHERE PLZ IS NOT NULL
```

Wenn der Wert der PLZ, der in BW immer dem Initialwert des Merkmals entspricht, z. B. ' ' (also LEERSTRING) oder bei Integer-Werten eine Null (0) ist, so wird bei der SQL-Abfrage der NULL-Wert nicht berücksichtigt.

Sofern Sie alle PLZ-Einträge sehen möchten, die den BW-Wert »Initial« haben, müssen Sie Ihre Anfrage auf den Leerstring anpassen.

```
SELECT * FROM KUNDE WHERE PLZ = ''
```

Wenn eine Tabelle für bestimmte Spalten keine Werte aufweist, führt das bei der Darstellung in Eclipse/HANA Studio zur Anzeige als ? (Fragezeichen). Somit wird jeder NULL-Wert als Fragezeichen dargestellt, um von möglichen Leerstring-Werten den Unterschied zu NULL-Werten darzustellen (siehe Abbildung 1.10).

CREATE_TIME	MODIFY_TIME	LAST_MERGE_TIME	LAST_REPLAY_LOG_TIME
09.08.2016 08:29:28....	?	?	02.06.2020 12:25:54.595
09.08.2016 08:29:28....	?	?	02.06.2020 12:30:03.043
22.05.2018 10:58:21....	?	?	04.07.2019 09:39:01.599
22.05.2018 11:18:05....	?	?	04.07.2019 09:39:01.646
22.05.2018 10:56:12....	?	?	05.07.2018 07:40:11.573
22.05.2018 11:18:05....	?	?	05.07.2018 07:39:06.998
22.05.2018 10:56:14....	?	12.07.2018 10:13:42.463	23.07.2019 16:34:47.404
22.05.2018 10:56:13....	?	?	04.07.2019 09:39:01.717
22.05.2018 10:56:15....	?	?	04.07.2019 09:39:01.733
22.05.2018 10:56:15....	?	25.10.2018 00:01:25.906	23.07.2019 16:35:37.962
22.05.2018 10:56:14....	?	?	04.07.2019 09:39:01.748
22.05.2018 10:56:15....	?	03.10.2019 21:44:00.867	23.07.2019 16:35:25.709

Abbildung 1.10: Darstellung von NULL-Werten in einer Tabelle

1.10.8 Kommentare in SQLScript

In SQLScript ist das Erstellen von Kommentaren im Coding von großer Bedeutung, um dessen Funktionsweise zu erläutern. Wenn Sie Ihr Script auch nach Jahren noch lesbar halten wollen, sollten Sie alle Funktionen und Berechnungen kurz erläutern. Ihnen stehen zwei Möglichkeiten zur Verfügung, um in SQLScript Kommentare einzufügen (siehe Abbildung 1.11):

- *Kurzkommentare*
  - Zeile beginnt mit -- (zwei Minuszeichen)
  - Dies gilt nur für die aktuelle Zeile
  - Kann auch am Ende eines Codes oder einer Zeile eingefügt werden
- *Längere Kommentarpassagen*
  - Beginnen mit /* (Schrägstrich + Stern)
  - Enden mit */ (Stern + Schrägstrich)
  - Zwischen Beginn und Ende werden alle Zeilen als Kommentar interpretiert

```
CREATE COLUMN table "SALES" (
      "SID" INTEGER CS_INT NOT NULL,
      "DATUM" DATE CS_DAYDATE NOT NULL,
      "UID" INTEGER CS_INT NOT NULL,
      --Das ist ein Kommentar
      "PID" INTEGER CS_INT,
      "VK_WERT_BILL" DECIMAL(15, 2) CS_FIXED,
      "VK_CURR_B " VARCHAR(3),

      /* Ab hier
         habe ich einen längeren Kommentar eingefügt
      */

      "VK_WERT_LOC" DECIMAL(15,  2) CS_FIXED,
      "VK_CURR_L" VARCHAR(3),
      PRIMARY KEY ("SID","DATUM", "UID")) UNLOAD PRIORITY 5 AUTO MERGE;
```

Abbildung 1.11: SQLScript-Kommentare

1.11 Erste Tabellen

Eine Tabelle besteht in der Regel immer aus einem Tabellennamen, wie KUNDE, einem eindeutigen Schlüssel, wie Kundennummer, sowie verschiedenen Informationsspalten, wie Name, Vorname und Alter. Damit Sie die ersten Schritte vornehmen können, werden Sie zunächst eine eigene Kundentabelle in Ihrem Schema anlegen. Dafür benutzen Sie die DDL-Funktionalität der DB (siehe Abschnitt 1.5.1).

Stets mit Schema-Präfix

Ohne Angabe eines Schema-Präfixes werden alle Anweisungen (DDL) automatisch nur auf das eigene Schema bezogen (Schutzmaßnahme der SAP).

Als Erstes legen Sie mit SQL (DDL) eine spaltenbasierte Kundentabelle mit folgenden Spalten an:

- Kundennummer (ID)
- Vornamen
- Namen
- Email
- Geschlecht
- Land
- PLZ
- Ort

Sie können bei der Definition in SQL entweder eine zeilenbasierte Tabelle (ROW)

```
CREATE ROW TABLE
```

oder eine spaltenbasierte Tabelle (COLUMN)

```
CREATE COLUMN TABLE
```

anlegen. Sie starten mit einer spaltenbasierten Tabelle.

Dazu öffnen Sie in Eclipse (siehe Abbildung 1.12) durch Rechtsklick auf die Datenbankverbindung eine SQL-Konsole.

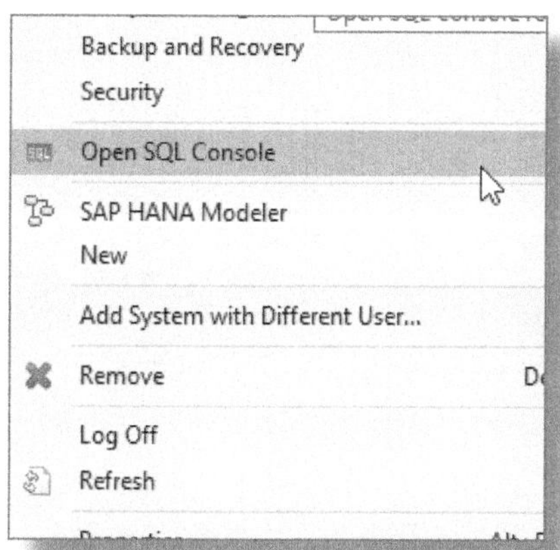

Abbildung 1.12: Öffnen der SQL-Konsole

Sie erhalten dadurch die Möglichkeit, innerhalb der Konsole auf der ausgewählten HANA DB SQL-Kommandos einzugeben und auszuführen (siehe Abbildung 1.13).

Abbildung 1.13: SQLScript-Konsole in Eclipse

In dem neu geöffneten Fenster geben Sie das Coding zum Erzeugen Ihrer Kundentabelle ein. Der SQL-Code hat folgende Bedeutung:

- Erzeuge eine spaltenbasierte Tabelle mit dem Namen »Kunde«:

```
CREATE COLUMN TABLE Kunde
```

- Erzeuge die Spalten in der Tabelle, wobei die Spalte UID der primäre Schlüssel ist (siehe Listing 1.1):

```
CREATE COLUMN TABLE Kunde (
    uid INT PRIMARY KEY,
    vorname NVARCHAR(20),
    nachname NVARCHAR(20),
    email NVARCHAR(50),
    geschlecht VARCHAR(1),
    land NVARCHAR(3),
    plz INT,
    ort NVARCHAR (100)
);
```

Listing 1.1: Erstellen der Tabelle »Kunde«

Wie bereits erwähnt, besteht keine Notwendigkeit, die Spaltennamen in Großbuchstaben oder Hochkommas zu setzen. Dies geschieht bei der Anlage der Tabelle in der DB automatisch.

Ihre Eingabe können Sie für Dokumentationszwecke, wie im Beispielcode, unformatiert oder entsprechend Abbildung 1.14 formatiert vornehmen; für die Erzeugung dieser Tabelle in der DB ist die Formatierung irrelevant.

Durch Auswahl des grünen Excecute-Buttons (siehe Abbildung 1.15) oben rechts im Konsolenmenü (alternativ F8-Taste) wird der Code ausgeführt und die Tabelle angelegt.

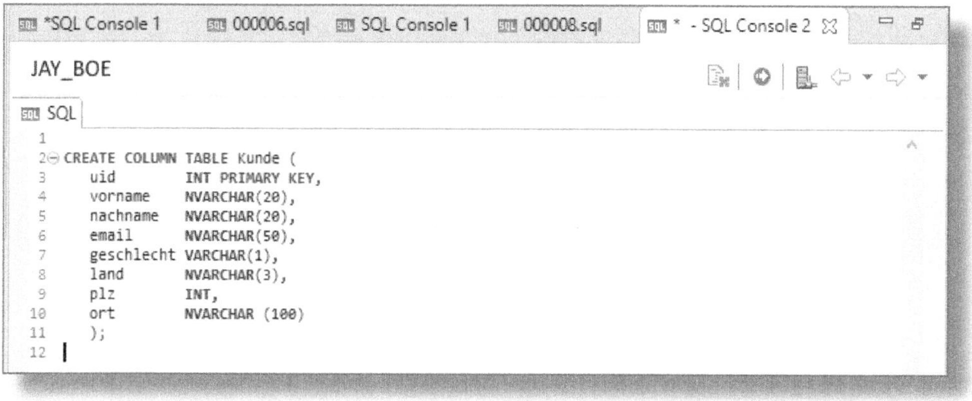

```
CREATE COLUMN TABLE Kunde (
    uid        INT PRIMARY KEY,
    vorname    NVARCHAR(20),
    nachname   NVARCHAR(20),
    email      NVARCHAR(50),
    geschlecht VARCHAR(1),
    land       NVARCHAR(3),
    plz        INT,
    ort        NVARCHAR (100)
    );
```

Abbildung 1.14: Code zur Erzeugung der Tabelle »Kunde« in der SQL-Konsole

Abbildung 1.15: Execute-Button

Nachdem die Tabelle in der Datenbank angelegt wurde, finden Sie diese, da kein Schemaname angegeben wurde, unterhalb Ihres Schemas (im Beispiel wäre es statt MEIN_SCHEMA Ihr Anwendername/Schema), in dem Unterordner Tables (siehe Abbildung 1.16).

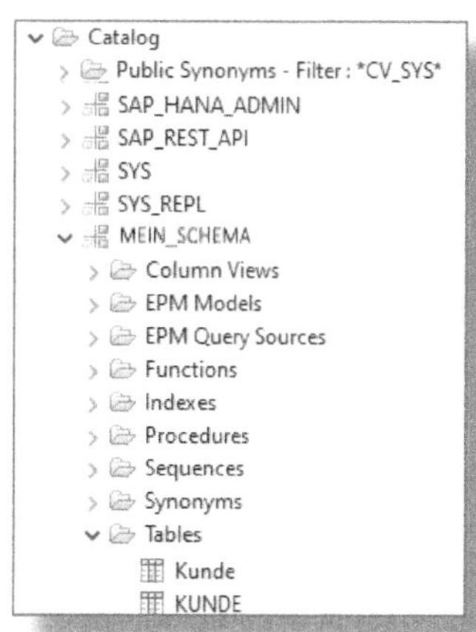

Abbildung 1.16: Tabelle »Kunde« im Schema »Benutzer«

Durch einen Rechtsklick auf den Tabellennamen KUNDE öffnet sich ein Kontextmenü, mit dessen Hilfe Sie sich durch Auswahl von Open Definition die Definiton der gerade erstellten Tabelle in der DB anzeigen lassen können (siehe Abbildung 1.19), während Sie mit Open Data Preview den Inhalt der Tabelle aufrufen. Da sich akutell noch keine Daten in der Tabelle befinden, wird kein Inhalt dargestellt.

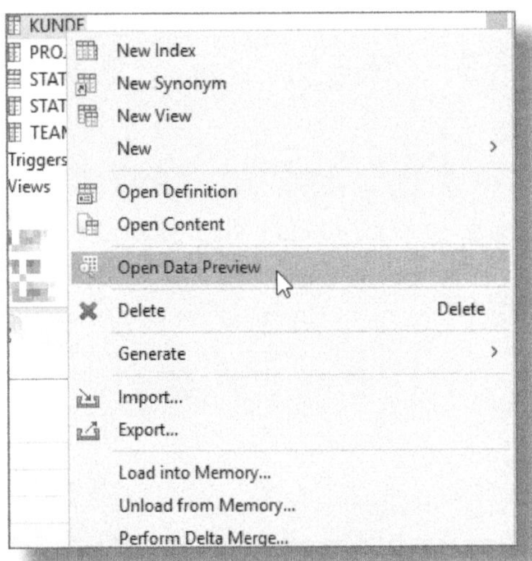

Abbildung 1.17: Kontextmenü zur Tabelle

Wir müssen also im nächsten Schritt noch die Daten in die Tabelle »Kunde« einfügen.

1.12 Erste Daten

Nachdem Sie die Tabelle »Kunde« erstellt haben, müssen Sie diese mit Daten befüllen. Im regulären SAP-System würde das durch Datenbeladungen (BW) oder durch transaktionale Buchungen (Anlage von Kundenstamm im ECC) erfolgen; in diesem Beispiel wollen Sie SQL und insbesondere DML benutzen.

1.12.1 Tabelle der Kundendaten

Listing 1.2 zeigt den Code zum Erstellen der Kundendaten, wobei Sie diese natürlich nach Ihren Wünschen anpassen können.

```
insert into KUNDE (uid, vorname, nachname, email, geschlecht,
land, plz, ort) values (1, 'Jim', 'Beams', 'jbeams@yelp.de',
'M', 'DE', 32791, 'Lage');
insert into KUNDE (uid, vorname, nachname, email, geschlecht,
land, plz, ort) values (2, 'Jack', 'Daniel', 'jdaniel@wisk.
com', 'M', 'US', 37210,'Kentucky');
insert into KUNDE (uid, vorname, nachname, email, geschlecht,
land, plz, ort) values (3, 'Mary', 'Krohn', 'ma.krohn@weinb.
de', 'F', 'DE', 94225,'Weinberg');
insert into KUNDE (uid, vorname, nachname, email, geschlecht,
land, plz, ort) values (4, 'Jim', 'Knopf', 'jknopf@buch.com',
'M', 'US', 96752,'Kauai');
insert into KUNDE (uid, vorname, nachname, email, geschlecht,
land, plz, ort) values (5, 'Robby', 'Tobby', 'rtobby@
fliewatuet.com', 'M', 'GB', 12345, 'London');
insert into KUNDE (uid, vorname, nachname, email, geschlecht,
land, plz, ort) values (6, 'Lynn', 'Doe', 'ld0@Test.us.com',
'F', 'US', 443552, 'Lost City');
insert into KUNDE (uid, vorname, nachname, email, geschlecht,
land, plz, ort) values (7, 'Anne', 'Funny', 'Anne.funny@
lustig.de', 'F','DE', 23305, 'Hamburg');
insert into KUNDE (uid, vorname, nachname, email, geschlecht,
land, plz, ort) values (8, 'Mike', 'Batt', 'm.b.l@music.FR',
'M', 'FR', 99352, 'Paris');
insert into KUNDE (uid, vorname, nachname, email, geschlecht,
land, plz, ort) values (9, 'Susan', 'Skin', 's-skin@weww.it',
'F', 'IT', 12345, 'Roma');
insert into KUNDE (uid, vorname, nachname, email, geschlecht,
land, plz, ort) values (10, 'Jay', 'Fun', 'jjay@weich.com',
'D', 'XX', 99205, 'Amsterdam');
```

Listing 1.2: Einfügen von Demodaten in die Tabelle KUNDE

Nach dem Ausführen des obigen SQL-Befehls können Sie sich die Daten, wie in Abbildung 1.18 dargestellt, anzeigen lassen.

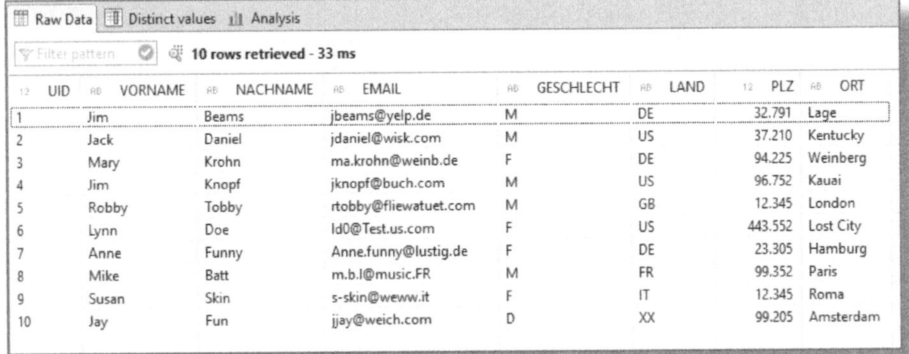

UID	VORNAME	NACHNAME	EMAIL	GESCHLECHT	LAND	PLZ	ORT
1	Jim	Beams	jbeams@yelp.de	M	DE	32.791	Lage
2	Jack	Daniel	jdaniel@wisk.com	M	US	37.210	Kentucky
3	Mary	Krohn	ma.krohn@weinb.de	F	DE	94.225	Weinberg
4	Jim	Knopf	jknopf@buch.com	M	US	96.752	Kauai
5	Robby	Tobby	rtobby@fliewatuet.com	M	GB	12.345	London
6	Lynn	Doe	ld0@Test.us.com	F	US	443.552	Lost City
7	Anne	Funny	Anne.funny@lustig.de	F	DE	23.305	Hamburg
8	Mike	Batt	m.b.l@music.FR	M	FR	99.352	Paris
9	Susan	Skin	s-skin@weww.it	F	IT	12.345	Roma
10	Jay	Fun	jjay@weich.com	D	XX	99.205	Amsterdam

Abbildung 1.18: Daten der Tabelle KUNDE

Nachdem Sie nun einen Kundenstamm haben, erstellen Sie gleich noch eine Tabelle mit den passenden Daten für Verkäufe. Hierzu legen Sie eine zweite spaltenbasierte Tabelle an.

1.12.2 Tabelle SALES (Verkaufsdaten)

Die neu zu erstellende Tabelle »SALES« soll einen eindeutigen Schlüssel, bestehend aus einer Sales ID (SID), einem Datum der Buchung sowie der bereits in der Tabelle »Kunde« verwendeten Kunden-ID (UID) erhalten.

Bei der Anlage der Tabelle werden zusätzlich die Kriterien der Unload-Priorität (siehe Abschnitt 1.8), wann Daten aus dem »heißen« Speicher entladen werden sollen, sowie wann das Merge von eventuellen Delta-Daten (siehe Abschnitt 1.9) stattfinden soll, angegeben.

Mit dem in Listing 1.3 gezeigten Code legen Sie die SALES-Tabelle an, die neben den Datenspalten auch die erweiterten Definitionen für Unload und Delta Merge beinhaltet.

```
CREATE COLUMN "SALES" (
"SID" INTEGER CS_INT NOT NULL,
"DATUM" DATE CS_DAYDATE NOT NULL,
"UID" INTEGER CS_INT NOT NULL,
"PID" INTEGER CS_INT,
"VK_WERT_BILL" DECIMAL(15, 2) CS_FIXED,
"VK_CURR_B " VARCHAR(1),
"VK_WERT_LOC" DECIMAL(15, 2) CS_FIXED,
"VK_CURR_L" VARCHAR(3),
PRIMARY KEY ("SID","DATUM", "UID")) UNLOAD PRIORITY 5 AUTO
MERGE
```

Listing 1.3: Erstellung der Tabelle SALES

Nach der Ausführung kann die Tabelle abgerufen und unter Eclipse dargestellt werden (siehe Abbildung 1.19).

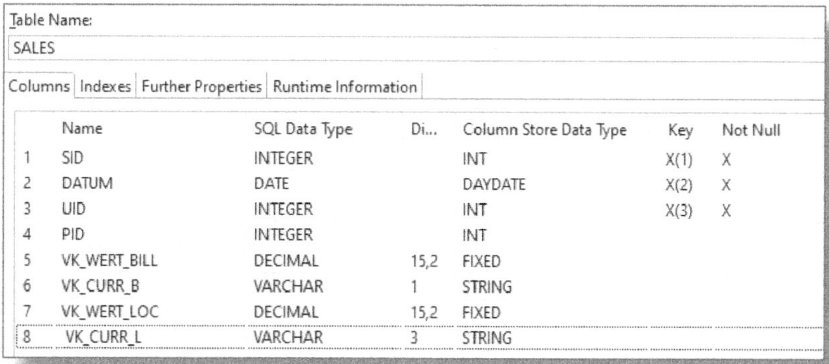

Table Name:
SALES

Columns | Indexes | Further Properties | Runtime Information

	Name	SQL Data Type	Di...	Column Store Data Type	Key	Not Null
1	SID	INTEGER		INT	X(1)	X
2	DATUM	DATE		DAYDATE	X(2)	X
3	UID	INTEGER		INT	X(3)	X
4	PID	INTEGER		INT		
5	VK_WERT_BILL	DECIMAL	15,2	FIXED		
6	VK_CURR_B	VARCHAR	1	STRING		
7	VK_WERT_LOC	DECIMAL	15,2	FIXED		
8	VK_CURR_L	VARCHAR	3	STRING		

Abbildung 1.19: Generierte Tabelle SALES

Nun müssen Sie diese Tabelle mit Daten befüllen, um anschließend beide Tabellen in der Ansicht miteinander zu verknüpfen. Dazu verwenden Sie analog zur Kundentabelle wiederum ein SQL-Kommando. Hier werden Sie SQLScript zum ersten Mal in der Praxis verwenden.

Datumserzeugung mit SQLScript

Der SQLScript-Code wird das Datum als aktuelles UTC-Datum generieren (01.05.2020), anstatt dass man dieses manuell eingeben muss.

Im Datenfeld wird nun folgendes SQLScript-Kommando verwendet:

```
(SELECT CURRENT_UTCDATE "COORDINATED UNIVERSAL DATE" FROM DUMMY;)
```

Viele der SQLScript-Funktionen werden als `Select xxx from DUMMY` ausgeführt, da sie nicht physisch in Tabellen vorhanden sind (siehe Listing 1.4).

```
insert into SALES (
   sid, datum, uid, pid, VK_WERT_BILL, "VK_CURR_B",
   VK_WERT_LOC, VK_CURR_L)
   values (1, (SELECT CURRENT_UTCDATE "Coordinated Universal
Date" FROM DUMMY), 1, '4711','233.50','USD','211.94','EUR');
```

Listing 1.4: Einfügen von Daten in die Tabelle SALES

Wenn Sie sich das Create Table Statement genau ansehen, finden Sie auch dort bereits den Fehler: Die Definition der Spalte VK_CURR_B ist **mit** Hochkomma erfolgt!

Ist Ihnen der Fehler beim Anlegen der Tabelle aufgefallen?

Angaben in Hochkomma

Vermeiden Sie bei Create Table Statements UNBEDINGT die Angabe von Tabellenspalten in Hochkommas, da dies nur zu Fehlern und Mehraufwand bei den folgenden Statements führen kann, wie im Beispiel gezeigt wird.

Mit dem Statement generieren Sie nur eine Zeile (siehe Abbildung 1.20) in der Tabelle SALES.

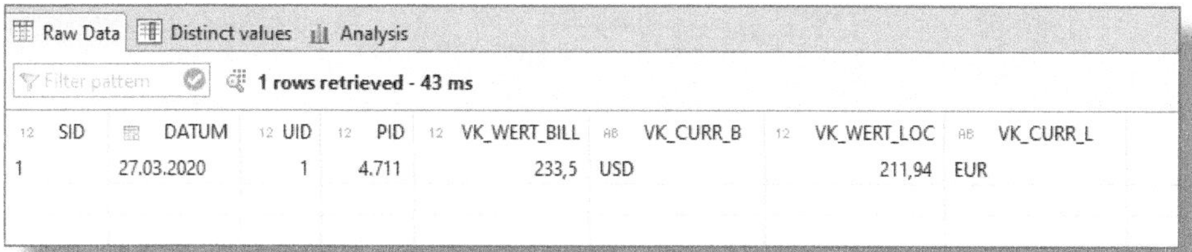

SID	DATUM	UID	PID	VK_WERT_BILL	VK_CURR_B	VK_WERT_LOC	VK_CURR_L
1	27.03.2020	1	4.711	233,5	USD	211,94	EUR

Abbildung 1.20: Eingefügte Zeile Salesdata

Wie Sie hier erkennen können, wurde das Datum nicht manuell, sondern über SQLScript erzeugt. Durch die Verwendung des Datums im UTC-Format kann der Datumswechsel je nach Uhrzeit automatisch erfolgen.

1.12.3 Tabelle MATERIAL

Nachdem die Kunden- und Salestabelle erstellt und mit Daten gefüllt sind, benötigen Sie zuletzt noch eine Tabelle für das verkaufte Material, die Sie auch mit SQLScript erzeugen (siehe Listing 1.5). Im Folgenden wird das Beispiel einer automatisch generierten Datumsspalte dargestellt (Systemdatum).

```
CREATE COLUMN TABLE "MATERIAL" ("PID" INT, "SKU" VARCHAR(16),
"MATERIAL_GROUP" VARCHAR(60),
"PURCHASED" DATE DEFAULT CURRENT_DATE,
PRIMARY KEY("PID"));
```

Listing 1.5: Erstellen der Tabelle MATERIAL

`"PURCHASED" DATE DEFAULT CURRENT_DATE` bewirkt, dass beim Einfügen von Daten die Spalte automatisch gefüllt wird.

Für das Erstellen von Massendaten können Sie nun gemäß dem Script für die Sales-Datenerzeugung verfahren (siehe Abschnitt 1.14.4), die eine definierte Anzahl von Datensätzen automatisiert anlegt, oder aber Massendaten mit dem SAP-Testdatentool (siehe Abschnitt 1.13) erzeugen.

Zum Testen wird in Listing 1.6 eine Zeile SQLScript gezeigt, die einen Datensatz in die Tabelle MATERIAL einfügt.

```
insert into material (PID,SKU,MATERIAL_GROUP) values
(1,'HANS','FERTIG')
```

Listing 1.6: Einfügen von Daten in Tabelle MATERIAL

Wie man in Abbildung 1.21 erkennt, wurde das Datum automatisch ergänzt.

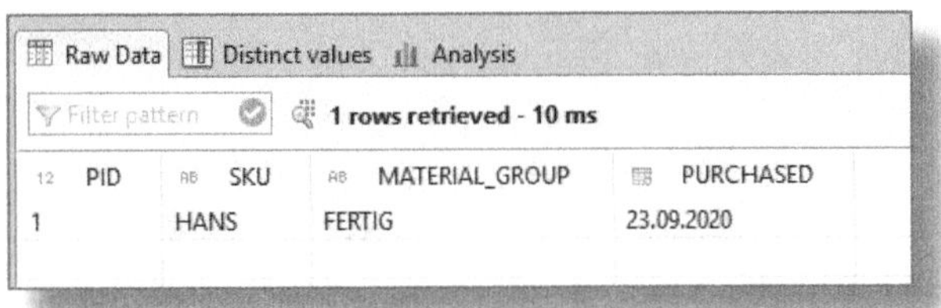

Abbildung 1.21: Datensatz in Tabelle MATERIAL

1.13 Testdatentool der SAP

Um Massendatentests durchzuführen, bietet die SAP ein Testtool (siehe Abbildung 1.22) zur Erzeugung von Daten an, welches ich sehr empfehlen kann. Besonders im Bereich von Massendaten und Performance können damit sehr unkompliziert Daten für eine einfach gestaltete Benutzerführung generiert werden.

Die Dokumentation zu diesem Tool finden Sie unter:

https://archive.sap.com/kmuuid2/b006f668-50af-3010-f0b7-c14476280aa9/How%20to%20Generate%20Test%20Data%20for%20SAP%20HANA%20Database.pdf

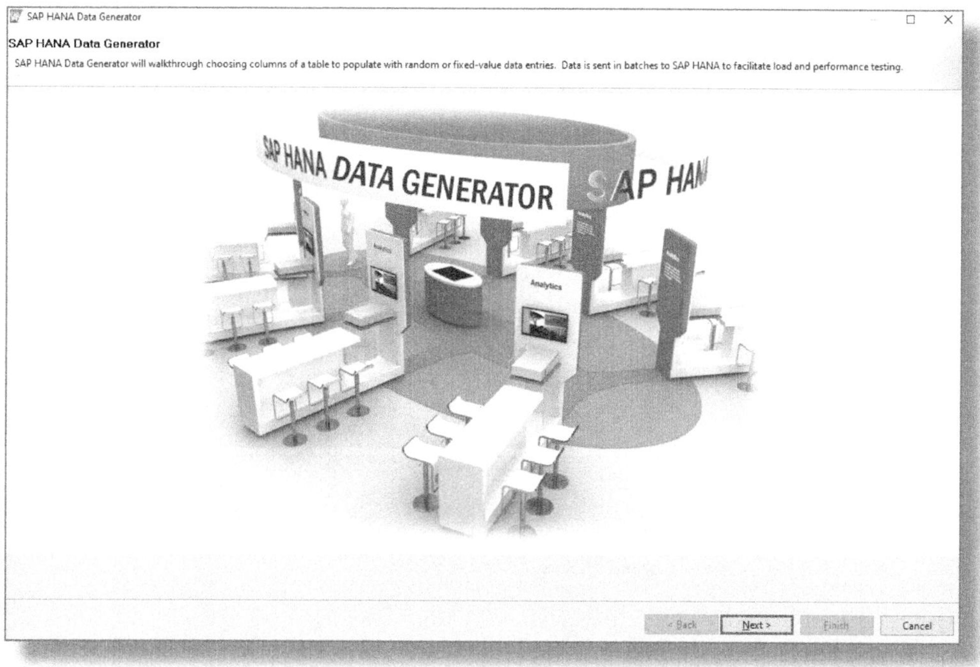

Abbildung 1.22: Testdaten-Generator – Einstiegsbild

1.14 SQLScript-Kommandos

In den nächsten Abschnitten werde ich einige der Befehle erläutern, die für die Nutzung von SQLScript notwendig sind. Ich werde nur auf die wichtigsten eingehen können und Ihnen damit die grundlegenden Befehle an die Hand geben, die immer wieder verwendet werden.

1.14.1 String-Funktionen

Links auffüllen (LPAD)

Der Befehl LPAD ermöglicht die Linksverkettung (das Auffüllen) von zwei Strings (Zeichenketten).

Nachfolgendes Beispiel besagt: Der erste String (»Am Ende«) soll an den zweiten Teilstring unter Berücksichtigung der angegebenen Länge von neun Zeichen angefügt werden. Wenn die Summe der Zeichen kleiner als die des rechts angefügten Strings ist, dann wird so lange aufgefüllt, bis die entsprechende Länge erreicht ist.

```
SELECT LPAD ('Am Ende', 9, '123456') FROM DUMMY;
```

In diesem Beispiel wird bis zu neun Zeichen aufgefüllt. Das Ergebnis nach der Ausführung sehen Sie in Abbildung 1.23.

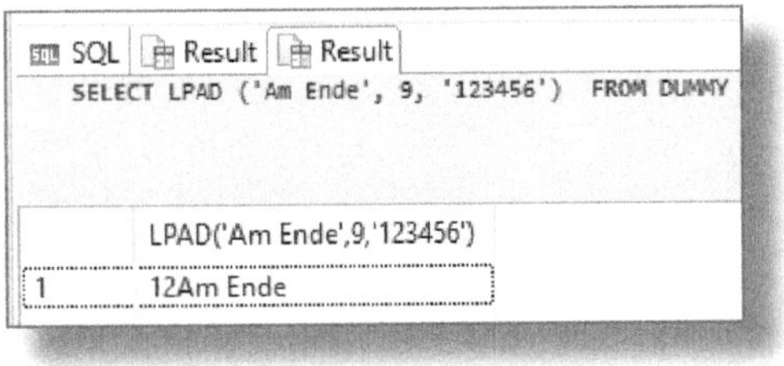

Abbildung 1.23: Ausführung LPAD für neun Zeichen

Falls mehr Zeichen aufgefüllt werden sollen oder eine bestimmte Länge (z. B. 16 Zeichen) erreicht werden soll, erfolgt dieses durch Erhöhung des Integerwerts, wie in Abbildung 1.24 am Beispielwert 16 dargestellt.

```
SELECT LPAD ('Am Ende', 16, '123456') FROM DUMMY;
```

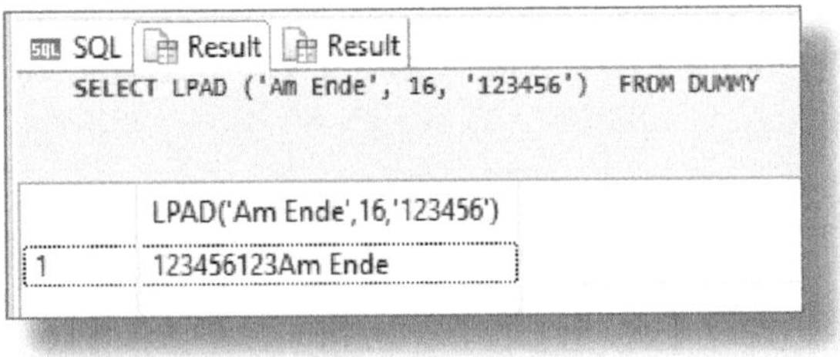

Abbildung 1.24: Ausführung LPAD für 16 Zeichen

Auffüllen für Nummernkreise in SAP

Der Befehl dient zur einfachen Auffüllung (LINKS) mit gewünschten Zeichen, z. B. Nummernkreisen, führenden Nullen oder Zahlen-Nummernkreisen, basierend auf den BW-Stammdaten des Kunden in Abbildung 1.25.

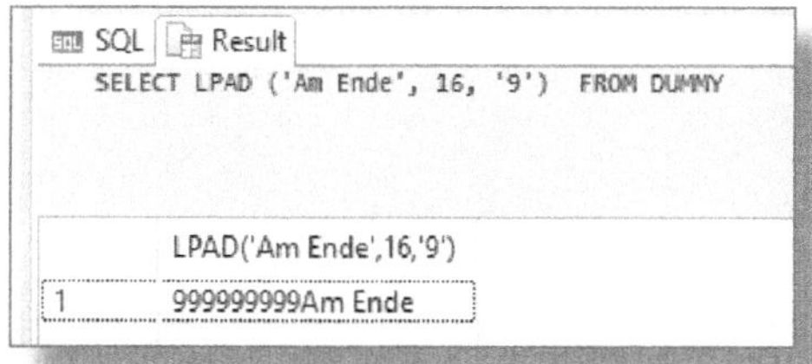

Abbildung 1.25: LPAD-Ausführung der führenden neun Ziffern

Wie bei den obigen Beispielen, in denen einfache Strings zusammengeführt werden, kann die Anweisung direkt bei Zugriff auf Tabellen verwendet werden. Hierbei ist zu beachten, dass Spaltennamen wie CUSTOMER in doppeltem Hochkomma (") und die anzufügende Zeichenkette (im Beispiel die Null, siehe Abbildung 1.26) mit einfachem Hochkomma (') einzugeben sind.

```
SELECT LPAD ("CUSTOMER", 30, '0') AS "Customer"
FROM "YOUR_SCHEMA"."/BI0/PCUSTOMER";
```

SQL | Result

```
SELECT LPAD("CUSTOMER", 30, '0') AS "Customer"
FROM "SAPB04"."/BI0/PCUSTOMER"
```

	Customer
31	000000000000000000000000105427
32	000000000000000000000000107112
33	000000000000000000000000092033
34	000000000000000000000000103422
35	000000000000000000000000128351

Abbildung 1.26: LPAD mit Kundenstamm SAP BW

Rechts auffüllen (RPAD)

Im Gegensatz zu LPAD wird der Befehl RPAD für eine Rechtsverkettung (das Auffüllen) von zwei Strings (Zeichenketten) verwendet.

Es folgt ein Beispiel für das Anfügen von Zeichen auf der rechten Seite mit der Definition des Spaltennamens als ERGEBNIS RPAD und der Ziffer 9 (siehe Abbildung 1.27):

```
SELECT RPAD ('Am Anfang', 11, '9') as "ERGEBNIS RPAD" FROM
DUMMY;
```

SQL | Result

SELECT RPAD ('Am Anfang', 11, '9') as "ERGEBNIS RPAD" FROM DUMMY

	ERGEBNIS RPAD
1	Am Anfang99

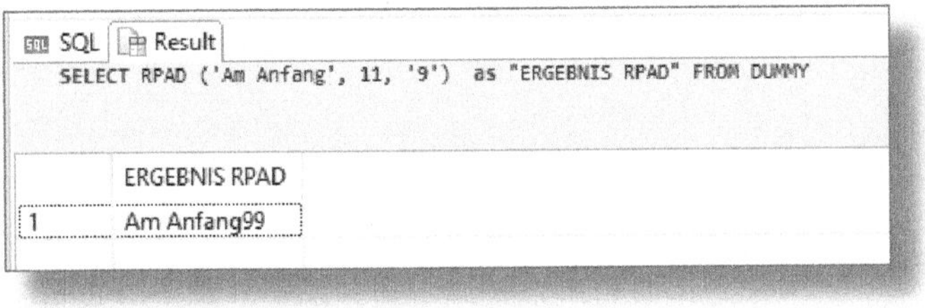

Abbildung 1.27: RPAD-Ausführung der nachfolgenden neun Ziffern

Zeichenketten verknüpfen (CONCAT) oder PIPE-Symbol

Das Zusammenführen von Zeichenketten wird durch den Befehl CONCAT ermöglicht. Nachdem Sie zwei Strings ergänzt bzw. aufgefüllt haben, besteht eventuell der Wunsch, bestimmte Strings miteinander zu verknüpfen.

Im Gegensatz zu anderen Datenbanken kann der Standardbefehl CONCAT leider nicht mehr als zwei Argumente String1 + String2 miteinander verknüpfen.

```
SELECT CONCAT(STRING1,STRING2) AS MYNEWSTRING from Dummy;
```

Unser Ziel wäre jedoch, den String »-HANA SQL-Script macht Spass!« auszugeben. Die Lösung, mehrere Felder als einen Gesamtstring auszugeben, scheitert, da dieser mehr als zwei Teilstrings benutzt:

```
SELECT CONCAT('-', 'HANA', ' SQL-Script', ' macht', ' Spass!')
AS MYNEWSTRING from Dummy;
```

Als Lösung bietet sich hier die Klammersetzung (siehe Abbildung 1.28) von multiplen CONCAT-Befehlen an, um das gewünschte Ergebnis zu erreichen:

```
SELECT CONCAT( CONCAT(CONCAT('-', 'HANA'),CONCAT(' SQL-Script',
' macht')), ' Spass!') AS MYNEWSTRING from Dummy;
```

SQL Result
SELECT CONCAT(CONCAT(Concat('-', 'HANA'),   Concat(' SQL-Script', ' macht')), ' Spass!') AS MYNEWSTRING from Dummy

	MYNEWSTRING
1	-HANA SQL-Script macht Spass!

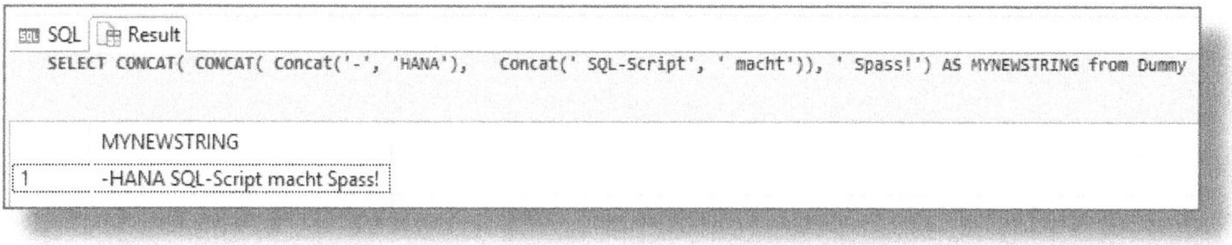

Abbildung 1.28: Klammerung von CONCAT-Befehlen

Man kann deutlich sehen, dass der Code sehr schwer lesbar ist. Jedoch sollte bei SQLScript die Lesbarkeit immer die höchste Priorität haben, um im Fehlerfall später besser erkennen zu können, was das spezielle SQLScript bewirken soll.

Als Alternative (wie in ABAP) können Sie das Symbol Concat PIPE (|) nutzen, um multiple Strings zu verbinden. Wie das Beispiel in Abbildung 1.29 zeigt, ist das Coding einfacher zu verstehen und das Ergebnis identisch mit dem ersten Beispiel.

```
SELECT ('-'||'HANA'||' SQL-Script'||' macht'||' Spass!') AS
MYNEWSTRING from Dummy;
```

SQL Result
select ('-'|| 'HANA'||' SQL-Script'|| ' macht'|| ' Spass!') AS MYNEWSTRING from Dummy

	MYNEWSTRING
1	-HANA SQL-Script macht Spass!

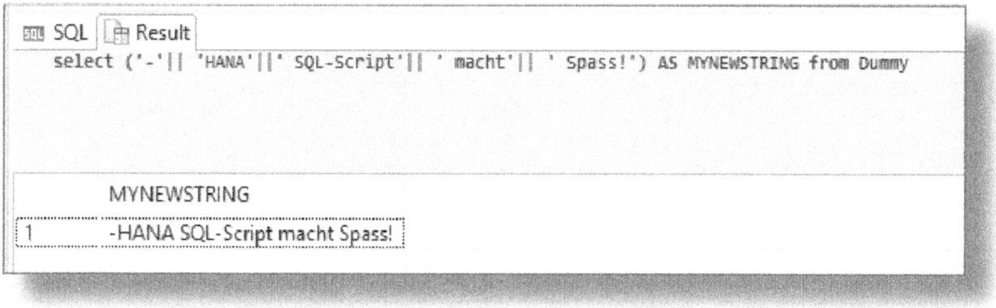

Abbildung 1.29: Klammerung von CONCAT-Befehlen mit PIPE

Basierend auf diesem Befehl, können Sie nicht nur Strings, sondern auch die Spalten einer Tabelle zusammenführen.

Manchmal ist es unerlässlich, für Fremdsysteme die Standardwerte von SAP-Daten als Konkatenation darzustellen oder, wie später erläutert (LEFT-, RIGHT-Befehl), wieder zu trennen (siehe Abbildung 1.36).

Im nächsten Beispiel werden die beiden Spalten LAND und PLZ in der von Ihnen angelegten Tabelle »KUNDE« (siehe Abschnitt 1.12.1) zusammengeführt.

UID	VORNAME	NACHNAME	EMAIL	GESCHLECHT	LAND	PLZ	ORT
1	Jim	Beams	jbeams@yelp.de	M	DE	32.791	Lage
2	Jack	Daniel	jdaniel@wisk.com	M	US	37.210	Kentucky
3	Mary	Krohn	ma.krohn@weinb.de	F	DE	94.225	Weinberg
4	Jim	Knopf	jknopf@buch.com	M	US	96.752	Kauai
5	Robby	Tobby	rtobby@fliewatuet.com	M	GB	12.345	London
6	Lynn	Doe	ld0@Test.us.com	F	US	443.552	Lost City
7	Anne	Funny	Anne.funny@lustig.de	F	DE	23.305	Hamburg
8	Mike	Batt	m.b.l@music.FR	M	FR	99.352	Paris
9	Susan	Skin	s-skin@weww.it	F	IT	12.345	Roma
10	Jay	Fun	jjay@weich.com	D	XX	99.205	Amsterdam

Abbildung 1.30: Tabelle KUNDE

Mithilfe von SQLScript werden im Beispiel, welches auf der Kundentabelle basiert, zwei Spalten zusammengefügt (siehe Abbildung 1.31).

```
SELECT CONCAT("LAND","PLZ") AS PLZ_EXTERN from KUNDE
```

SQL | Result

SELECT CONCAT("LAND","PLZ") AS PLZ_EXTERN from KUNDE

	PLZ_EXTERN
1	DE32791
2	US37210
3	DE94225
4	US96752
5	GB12345
6	US443552
7	DE23305
8	FR99352
9	IT12345
10	XX99205

Abbildung 1.31: CONCAT-Befehl auf Kundentabelle und Spalten

Umwandlung zwischen Groß- und Kleinschrift (LCASE sowie UCASE)

Bei vielen Aufgaben ist es wichtig, gemischte Strings nur in Groß- oder Kleinbuchstaben auszugeben. Die Ausgabe von Strings oder Spalteninhalten in Kleinbuchstaben kann mit den beiden folgenden Befehlen LCASE sowie UCASE erzeugt werden (siehe Abbildung 1.32).

```
SELECT LOWER('Am Ende') FROM DUMMY;

SELECT LCASE('Am Ende') FROM DUMMY;
```

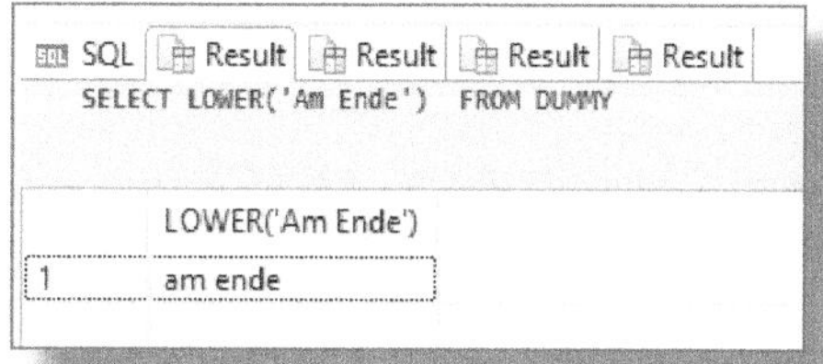

Abbildung 1.32: Stringausgabe LOWER Case

Umwandlung in Lower oder Upper Case

Da beide Anweisungen UCASE und LCASE ähnlich sind, würde ich diese dem LOWER und UPPER vorziehen, da der Code dadurch lesbarer wird.

Die Ausgabe von Großbuchstaben kann mit den beiden folgenden Befehlen erzeugt werden:

```
SELECT UPPER('Am Ende') FROM DUMMY;
SELECT UCASE('Am Ende') FROM DUMMY;
```

Wie in Abbildung 1.33 erkennbar, übersetzt die HANA DB das UCASE intern in UPPER.

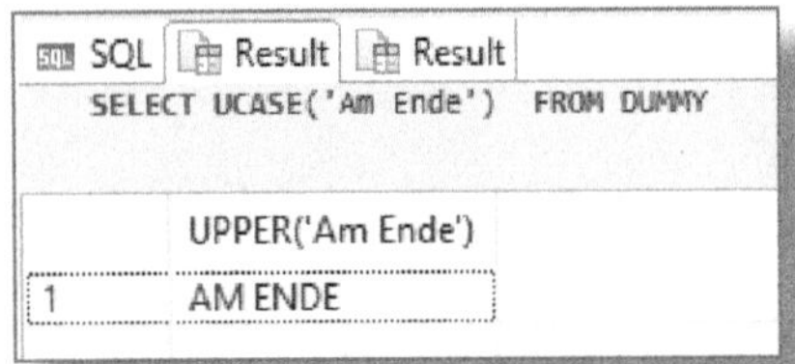

Abbildung 1.33: Stringausgabe UPPER Case

Länge von Zeichenketten (LENGTH)

Nachdem Sie bereits gelernt haben, Zeichenketten zu verbinden, ist es manchmal notwendig, zu überprüfen, ob eine bestimmte Länge eingehalten wurde. Das kann besonders bei dynamischen Offsets in Verbindung mit dem LEFT- oder RIGHT-Befehl sehr hilfreich sein, um beispielsweise am Ende einer Zeichenkette die letzten zehn Zeichen zu löschen.

Um die Länge eines Strings zu ermitteln, steht Ihnen die Funktion LENGTH zur Verfügung. Der Befehl gibt die Länge der Zeichenkette als Integerwert zurück (siehe Abbildung 1.34).

```
SELECT LENGTH('HANA SQL Script macht Spass') AS STR_LENGTH
from Dummy;
```

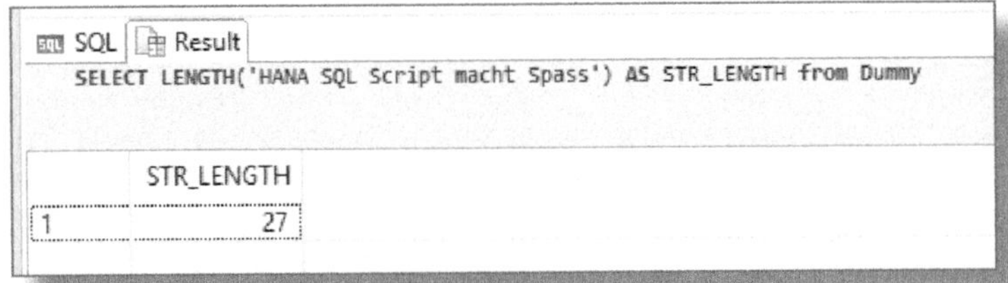

Abbildung 1.34: Ausgabe der Länge eines Strings

Natürlich lassen sich auch verschiedene Befehle miteinander kombinieren. Das folgende Beispiel zeigt, dass die Funktion, welche die Kundennummer mit dem Wert »0« mit bis zu 30 Zeichen auffüllen soll, funktioniert hat.

```
SELECT top 1 LENGTH(LPAD("CUSTOMER", 30, '0')) AS "Customer"
FROM "SAPB04"."/BI0/PCUSTOMER";
```

Die Ausgabe von LENGTH zeigt Ihnen den ermittelten Wert von 30 Zeichen an (siehe Abbildung 1.35).

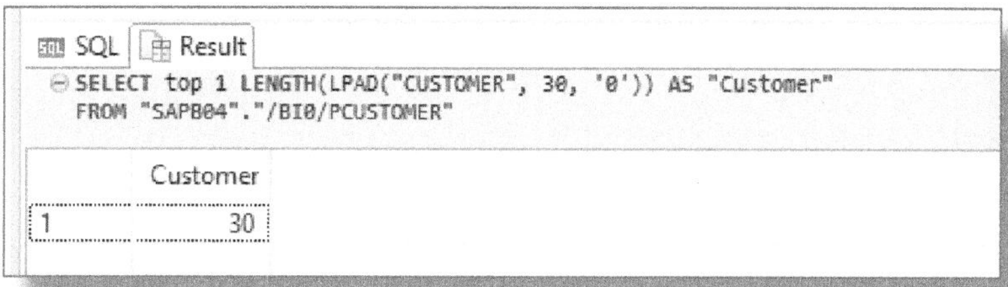

Abbildung 1.35: Ausgabe von String LENGTH auf Tabellenbasis

Nutzung der Befehle direkt in SQL-Abfragen

Alle oben beschriebenen SQLScript-Anweisungen ändern keine Daten, sondern werden zur Laufzeit ausgeführt. Im Vergleich zu ABAP-Laufzeitmodellen in SAP BW, wo Daten immer persistiert abgelegt werden, ist das der große Vorteil virtueller Datenmodelle. So kann direkt in einer SQLScript-Abfrage ein gelieferter Wert verändert und als Filter für das nächste SELECT genutzt werden.

Bestimmte Anzahl von Zeichen (RIGHT oder LEFT)

Manchmal ist es notwendig, nur einen Teil einer Zeichenkette auszulesen, um beispielsweise führende Zeichen zu ignorieren. Mit den Befehlen RIGHT und LEFT kann dies sofort bei der Abfrage implementiert werden.

Stellen Sie sich als Beispiel vor, dass vor einer Kundennummer aus einem Non-SAP-System das Land stets als zweistelliger Wert führend angegeben ist, wie z. B. »DE123456«.

Sie haben bereits im Abschnitt »Zeichenketten verknüpfen (CONCAT)« etwas Ähnliches erstellt. Für die weitere Verarbeitung benötigen Sie jedoch das Land und die Kundennummer in separaten Datenfeldern. Dabei können die SQLScript-Befehle LEFT sowie RIGHT behilflich sein.

- **RIGHT**

Der RIGHT-Befehl liest eine bestimmte Anzahl von Stellen (in diesem Beispiel die letzten sechs Stellen) als Kundennummer (CUSTOMER) aus.

Als kleine Erweiterung zum Script können Sie in Abbildung 1.36 erkennen, dass hier die Anweisung »AS CUSTOMER« ignoriert wurde, HANA SQL aber trotzdem den Spaltennamen richtig ausgibt.

```
SELECT RIGHT('DE123456', 6) "CUSTOMER" FROM DUMMY;
SELECT RIGHT('DE123456', 6) AS "CUSTOMER" FROM DUMMY;
```

Abbildung 1.36: RIGHT-Befehl auf String

Definition von Spaltennamen einer SQLScript-Ausgabe

Für eine bessere Lesbarkeit sollte jedoch immer das AS für ALIAS-Spaltennamen genutzt werden.

▶ LEFT

Nun werden noch die Daten mit der Bezeichnung »Land« benötigt, die in den ersten beiden Zeichen des Strings vorkommen. Mit dem Befehl LEFT und der Anzahl der Stellen (siehe Abbildung 1.37) können Sie dieses entsprechend auslesen.

```
SELECT LEFT('DE123456', 2) AS "COUNTRY" FROM DUMMY;
```

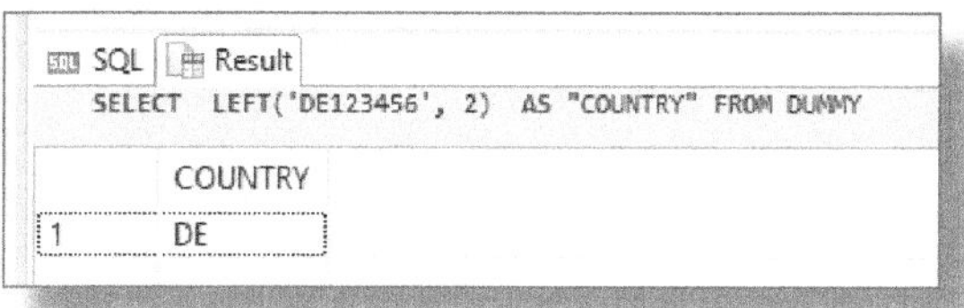

Abbildung 1.37: LEFT-Befehl auf String

Zum Schluss werden beide Befehle kombiniert, um so mit einem einzigen Befehl beide Werte in einer neuen Spalte zu erhalten (siehe Abbildung 1.38). Diese können später in weiteren SQLScript-Anweisungen genutzt werden, um zusätzliche Daten zu ermitteln.

```
SELECT LEFT('DE123456', 2) AS "COUNTRY",RIGHT('DE123456', 6)
AS "CUSTOMER" FROM DUMMY;
```

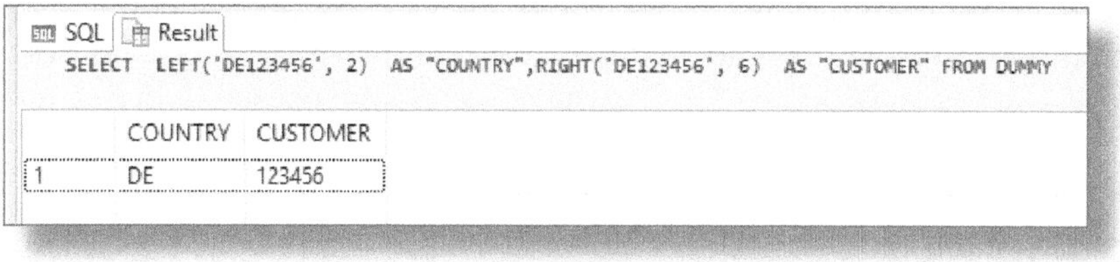

Abbildung 1.38: LEFT-RIGHT-Anweisung auf String

Beide Anweisungen wurden durch ein Komma getrennt, so wie bereits bei der Auswahl von Spalten und dem Namen einer Tabelle, und ergeben in der kombinierten Ausführung das gewünschte Ergebnis.

REPLACE in Werten oder Strings

Die REPLACE-Funktion ermöglicht es, in Ergebniswerten bestimmte Elemente zu suchen, auszutauschen oder ganz neue Werte zu erstellen.

```
REPLACE (MEIN_STRING, '10', ',IT,');
```

In dieser Codingzeile wird mittels des REPLACE-Befehls in der Spalte/String »MEIN_STRING« nach dem Vorkommen der Zeichenkette »10« gesucht und diese anschließend durch den Wert »IT« ersetzt.

Ein detailliertes Beispiel finden Sie im Abschnitt 2.1.3.

MAP-Funktion zur Suche von Werten

Eine weitere Möglichkeit der Suche und Rückgabe von Werten von Zeichenketten ist die MAP-Funktion. Als Parameter dieser Funktion kann sowohl der Suchbegriff als auch der gesamte zu durchsuchenden String übergeben werden.

Im Beispiel ist der Suchbegriff »2«, `SELECT MAP(2,..)`. Als Ergebnis erhalten Sie den Text hinter dem gefundenen Wert zurück (siehe Abbildung 1.39).

Falls der Suchbegriff »3«, `SELECT MAP(3,..)`, gewesen wäre, hätten Sie als Ergebnis den String »Paul« erhalten.

```
SELECT MAP(2, 0, 'Null', 1, 'Eins', 2, 'Zwei', 3, 'Paul',
'Default') as "Ausgabe:" FROM DUMMY;
```

SQL | Result

SELECT MAP(2, 0, 'Null', 1, 'Eins', 2, 'Zwei', 3, 'Paul', 'Default') as "Ausgabe:" FROM DUMMY

	Ausgabe:
1	Zwei

Abbildung 1.39: Ergebnis der MAP-Funktion

SUBSTR_REGEXPR – Suche in Strings

Ähnlich wie der MAP-Befehl kann Ihnen auch der SUBSTR_REGEXPR-Befehl helfen, bestimmte Zeichenketten zu finden. Der Unterschied ist jedoch, dass dieser Befehl mit einer Vielzahl von Parametern versehen wird. Durch die Möglichkeiten der zu übergebenen Parameter kann dieser Befehl zu einem mächtigen Werkzeug in der Verarbeitung von Strings innerhalb von SQLScript werden.

So kann durch einen oder mehrere Aufrufe sowie das Voranstellen der Option »SUBSTR_AFTER« dynamisch nach dem ersten Wert hinter den beiden Slashes (/) gesucht und das Datum zurückgeliefert werden.

```
SUBSTR_BEFORE(SUBSTR_AFTER('KUNDE/MATERIAL/20200821',
'/'),'/') as "DATUM"
```

Im folgenden Beispielcode bedingt der Befehl durch den Einsatz von `FLAG 'i'`, dass der Suchbegriff nicht Case-sensitiv gesucht wird. Im Text kommt das Wort »Eichen« fälschlicherweise mit dem Großbuchstaben C vor. Dadurch würde die Case-sensitive Suche mit dem Suchstring 'chen' kein Ergebnis liefern.

```
SELECT SUBSTR_REGEXPR('Chen' FLAG 'i' in 'Das ist ein schöner
Text mit vielen Zeichen und EiChen') from dummy;
```

Das Ergebnis zeigt das erste Vorkommen, also aus dem Wort »Zeichen« (Abbildung 1.40).

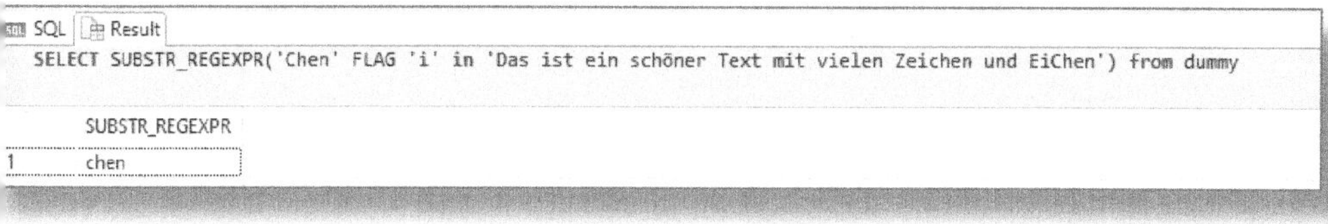

SQL | Result

SELECT SUBSTR_REGEXPR('Chen' FLAG 'i' in 'Das ist ein schöner Text mit vielen Zeichen und EiChen') from dummy

	SUBSTR_REGEXPR
1	chen

Abbildung 1.40: Suche nicht Case-sensitiv

Im zweiten Beispiel wurde Case-sensitiv gesucht, wodurch das Ergebnis aus dem Wort «EiChen« stammt (Abbildung 1.41).

```
SELECT SUBSTR_REGEXPR('Chen' in 'Das ist ein schöner Text mit
vielen Zeichen und EiChen') from dummy;
```

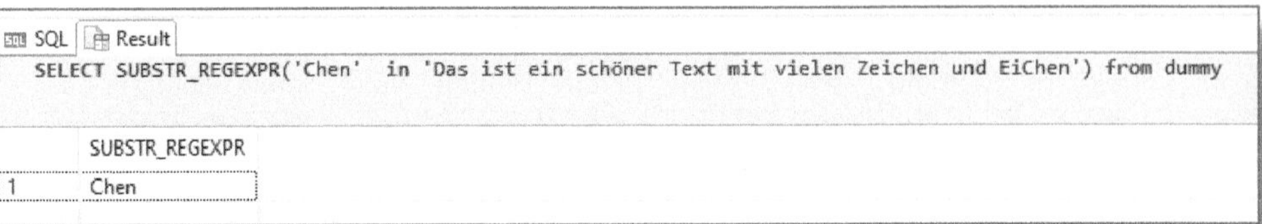

Abbildung 1.41: Suche Case-sensitiv

Eine andere Nutzung ist z. B. die Rückgabe bestimmter Werte an eine konkrete Position.

Im folgenden Code werden verschiedene Namen übergeben. Diese sind entweder in einer Tabelle abgelegt, oder sie wurden vorher mittels SQLScript und dem CONCAT-Befehl zusammengefügt.

Nun möchten Sie den vierten Wert, welcher in diesem Beispiel `Jay` ist, auslesen. Dieses können Sie mittels der folgenden Syntax-Optionen gewährleisten:

- OCCURRENCE oder
- GROUP

```
SELECT SUBSTRING_REGEXPR('[^|]+' IN 'Otto|Paul|Anke|Jay|TIM'
FROM 1 OCCURRENCE 4) from dummy;
```

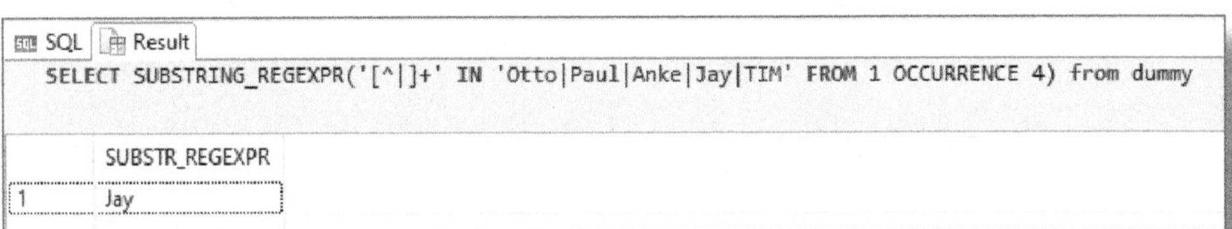

Abbildung 1.42: Suche mit OCCURRENCE-Option

Wie Sie in Abbildung 1.42 sehen, wird der vierte Wert des Ausdrucks (String) erkannt und ausgegeben.

Zusätzlich kann man durch das Voranstellen der Struktur (in diesem Beispiel fünfmal »(.+)«) bestimmte Elemente oder Gruppen ansprechen. Mit dem Befehl GROUP und der nachgestellten Ziffer 4 erhalten Sie den Wert der vierten Gruppe (siehe Abbildung 1.43).

```
SELECT SUBSTR_REGEXPR('(.+)\|(.+)\|(.+)\|(.+)\|(.+)' IN
'Otto|Paul|Anke|Jay|TIM' GROUP 4) from dummy;
```

SQL | Result

select SUBSTR_REGEXPR('(.+)\|(.+)\|(.+)\|(.+)\|(.+)' IN 'Otto|Paul|Anke|Jay|TIM' GROUP 4) from dummy

	SUBSTR_REGEXPR
1	Jay

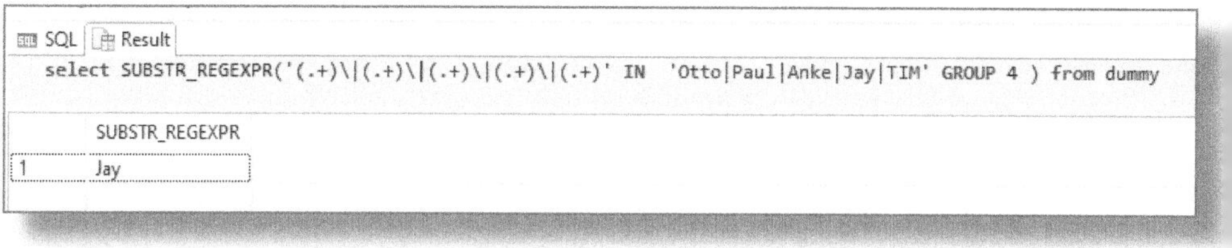

Abbildung 1.43: Suche mit GROUP-Option

Der Befehl lässt sich auch durch die Angabe von Offsets kombinieren, um z. B. den Kalendertag aus einem Datumsstring zu lesen. Hier wird genau die Länge von Gruppe 1 (Jahr), Gruppe 2 (Monat) und Gruppe 3 (Tag) definiert, um dann Gruppe 3 auszugeben (siehe Abbildung 1.44).

```
SELECT SUBSTR_REGEXPR('([[:digit:]]{4})([[:digit:]]{2})
([[:digit:]]{2})' IN '20200603' GROUP 3) "substring_regexpr"
FROM DUMMY;
```

QL | Result

ELECT SUBSTR_REGEXPR('([[:digit:]]{4})([[:digit:]]{2})([[:digit:]]{2})' IN '20200603' GROUP 3) "substring_regexpr" FROM DUMMY

substring_regexpr
03

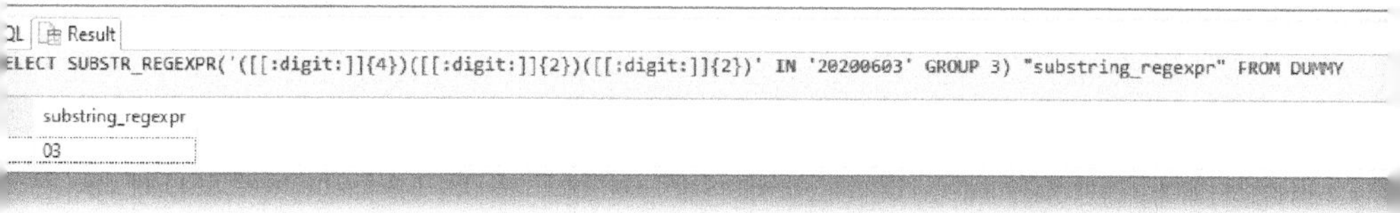

Abbildung 1.44: Suche mit fixen Offset-Werten und GROUP-Option

Dieses Beispiel soll aufzeigen, dass in SQLScript eine Vielzahl von Befehlen nutzbar ist, die zum gleichen Ergebnis führen können.

REPLACE_REGEXPR zum Löschen von Leerzeichen

Ein Thema von enormer Wichtigkeit ist das Löschen von Leerzeichen in textbasierten Spalten. Dies können Sie mit dem Befehl REPLACE_REGEXPR erreichen.

```
SELECT REPLACE_REGEXPR ('[\s]' in '  HAN  A_ SQLS  cript_
macht_ S pass  ') FROM DUMMY;
```

Der Befehl entfernt je nach Definition Ihres Replace-Strings jegliche Vorkommen von Leerzeichen im Text. Dabei ist deren Position nicht von Bedeutung.

Das Ergebnis der obigen Ersetzung sollte wie in Abbildung 1.45 aussehen.

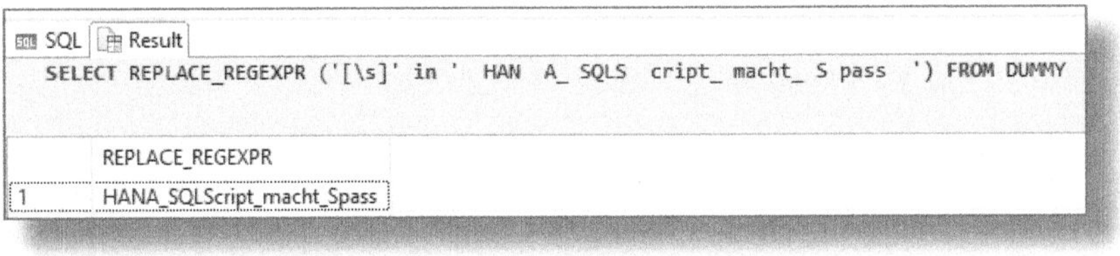

SQL | Result

SELECT REPLACE_REGEXPR ('[\s]' in ' HAN A_ SQLS cript_ macht_ S pass ') FROM DUMMY

	REPLACE_REGEXPR
1	HANA_SQLScript_macht_Spass

Abbildung 1.45: Ausgabe von REPLACE_REGEXPR

1.14.2 Numerische Funktionalität in SQL

Neben der String-Verarbeitung ist auch die numerische Funktionalität von großer Bedeutung. Anstatt z. B. in einer Tabelle mit einer Milliarde Datensätzen durch Verwendung einer Schleife zu ermitteln, welches der größte Wert einer bestimmten Bestellung ist, können solche Abfragen direkt an die HANA-Datenbank übergeben werden.

TOP n

Die Abfrage mittels TOP n erzeugt eine Liste, die die ersten n Werte der angegebenen Tabelle ausgibt. In dem folgenden Beispiel sollen die drei Werte einer bestimmten Spalte der Tabelle SALES ausgegeben werden.

```
Select TOP 3 VK_WERT_BILL from SALES
```

Dies ermöglicht für spätere Funktionen oder Prozeduren, das Coding in Bezug auf die Anzahl der Zeilen minimalistisch und überschaubar zu halten.

LEAST

Die LEAST-Funktion ist eine sehr interessante SQLScript-Funktion, die in einer Tabelle spaltenübergreifend den kleinsten Wert ermittelt und ausgibt. Die Abfrage kann direkt auf Werte, wie im nächsten Beispiel gezeigt wird, oder auf bestimmte Tabellenspalten (siehe Abbildung 1.46) erfolgen.

```
SELECT LEAST('11', '5', '17', '99') AS "Kleinster" FROM
DUMMY;
SELECT SID,LEAST(PID,VK_WERT_BILL,VK_WERT_LOC) as "Kleinster
Wert" FROM SALES;
```

Raw Data | Distinct values | Analysis

Filter pattern | 200 rows retrieved - 67 ms

SID	DATUM	UID	PID	VK_WERT_BILL	VK_CURR_B	VK_WERT_LOC	VK_CURR_L
3	01.01.2020	8	570	1.623,03	USD	412,4	EUR
4	01.01.2020	3	319	1.167,52	USD	362,42	EUR
5	01.01.2020	4	2.588	2.477,91	USD	1.884,82	EUR
6	01.01.2020	5	339	797,55	USD	919,13	EUR
7	01.01.2020	10	395	1.936,67	USD	1.218,66	EUR
8	01.01.2020	3	1.672	2.133,39	USD	1.693,63	EUR
9	01.01.2020	7	1.325	2.335,39	USD	1.081,05	EUR
10	01.01.2020	2	2.599	510,21	USD	653,33	EUR
11	01.01.2020	2	716	1.161,74	USD	99,19	EUR
12	01.01.2020	3	243	1.524,29	USD	1.171,05	EUR
13	01.01.2020	5	944	2.199,59	USD	454,69	EUR

Abbildung 1.46: Daten der Tabelle SALES

Wenn die LEAST-Funktion auf einer Tabelle mit der Angabe mehrerer Zeilen genutzt wird, dann liefert diese pro Zeile den geringsten Wert aller Spalten, die betrachtet werden sollen (siehe Abbildung 1.47).

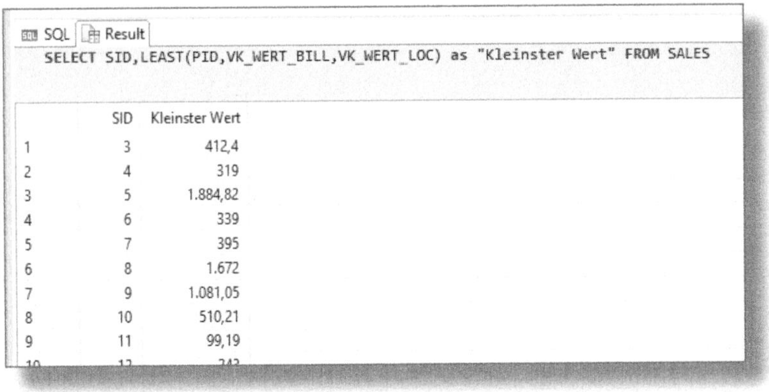

SQL | Result

```
SELECT SID,LEAST(PID,VK_WERT_BILL,VK_WERT_LOC) as "Kleinster Wert" FROM SALES
```

	SID	Kleinster Wert
1	3	412,4
2	4	319
3	5	1.884,82
4	6	339
5	7	395
6	8	1.672
7	9	1.081,05
8	10	510,21
9	11	99,19

Abbildung 1.47: Ausgabe der LEAST-Funktion auf Tabelle SALES

1.14.3 WHILE-Schleife

Um eine SQL-Anweisung mehrfach auszuführen und nicht unzählige Male kopieren zu müssen, kann man dies in eine Schleife mit multiplen Ausführungen einbetten. Am einfachsten ist hier die Verwendung einer WHILE-Schleife/-Anweisung. Diese wird mit WHILE eingeleitet und mit END WHILE beendet:

```
WHILE i <= 1000 DO
--mache irgendetwas
i := :i + 1;
END WHILE;
```

Die obige Schleife führt die Anweisung zwischen WHILE und ENDWHILE 1000-mal aus, bis sie beendet wird.

1.14.4 Schleifen mit FOR und END FOR

Ein Beispiel für eine FOR- und END FOR-Schleife möchte ich Ihnen im nächsten Schritt aufzeigen. Sie können es nutzen, um im Nachhinein den Anwender-Client generell für einen bzw. alle User festzulegen. Manchmal wird diese Festlegung mit Beginn der HANA-Tätigkeiten vergessen, wobei das mit diesem Programm für alle User korrigiert werden kann.

Um innerhalb von HANA Views später einen bestimmten Session Client (Mandanten) festzulegen, sollte der Standard-Mandant als HANA-User angelegt sein. Den Client finden Sie in Eclipse unter Security auf dem Informationsbild zu einem User (siehe Abbildung 1.48).

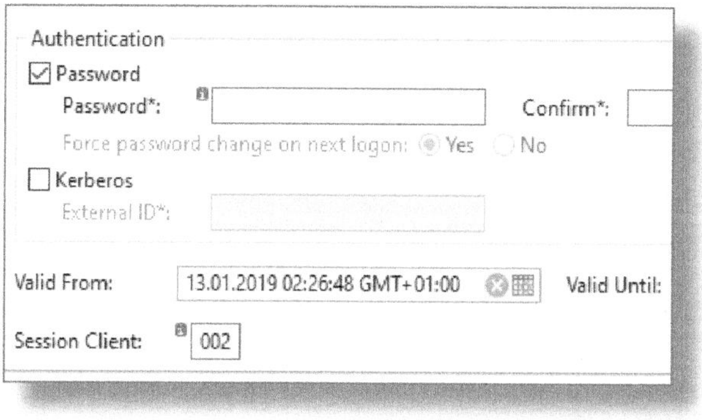

Abbildung 1.48: Session Client in den Benutzerdaten

Im Beispiel-Coding wird am Anfang der maximale Zähler für die Schleife mit dem Befehl

```
SELECT COUNT(*) INTO LV_USER_COUNT FROM "SYS"."USERS"
```

ermittelt.

Die eigentliche Schleifen-Anweisung beginnt dann mit

```
FOR i IN 0 .. :LV_USER_COUNT-1 DO
```

wobei die beiden Punkte (..) zwischen 0 (null) und dem Wert von LV_USER_COUNT das Ende der Schleife einleiten.

Bei der Select-Anweisung im Code ist eine Besonderheit zu erkennen, auf die ich ebenfalls hinweisen möchte: In diesem Beispiel arbeite ich sowohl mit dem LIMIT- als auch mit dem Offset-Befehl (Index) der internen Tabelle `LIMIT 1 OFFSET :i`.

LIMIT 1 bewirkt, dass nur eine Zeile gelesen wird, und der OFFSET von :i (der Laufvariablen) gibt die jeweilige Zeilennummer (Index) des Durchlaufs an. Mithilfe eines solchen Coding können Sie leistungsfähig interne Tabellen lesen.

Listing 1.7 zeigt ein Beispiel zum Setzen eines Anwender-Mandanten in der HANA DB.

```
--Setze den Anwender-Mandanten in HANA
CREATE PROCEDURE "SET_USER_CLIENT" (in pCLIENT NVARCHAR(3))

LANGUAGE SQLSCRIPT SQL
SECURITY INVOKER

--Default-Schema "MY_SCHEMA"
AS
BEGIN
/******************************
Set Default Session Client = '002' to all available users
 ******************************/
DECLARE LV_USER_COUNT integer;
DECLARE LV_SQL VARCHAR(299);
DECLARE LV_USER_NAME varchar(30);
DECLARE I Integer;

--Anzahl der Anwender/User für den Loop
SELECT COUNT(*) INTO LV_USER_COUNT FROM "SYS"."USERS";

--Auslesen aller User für die Bearbeitung
t1= select USER_NAME from "SYS"."USERS";
     --Loop von 1 bis Anzahl der User
       FOR i IN 0 .. :LV_USER_COUNT-1 DO  --Loop Beginn

           SELECT "USER_NAME"
           INTO LV_USER_NAME
           FROM :T1
           LIMIT 1 OFFSET :i; --Info: OFFSET-Indizes beginnen
mit 0, nicht 1
--Aufbau des dynamischen SQLScript (siehe auch Kapitel 5 :) )
       LV_SQL := 'ALTER USER ' || LV_USER_NAME || ' SET
PARAMETER "CLIENT" = ''' || pCLIENT || '''' ;
```

```
	--Update der User-Parameter des einzelnen Loop User via
dynamischem EXEC SQL
		EXEC (:LV_SQL);

END FOR;  --Ende des Loop

END;
```

Listing 1.7: Beispiel zum Setzen des Mandanten in Eclipse

Sie sollten Schleifen jedoch nur im Ausnahmefall verwenden, denn diese sind in einer HANA DB immer zeitintensiv, weshalb sie im Normalfall durch direkte SELECT-Statements abgedeckt werden sollten (Beispiele dazu finden Sie in Kapitel 5).

Abbrechen einer Session in der HANA DB

Ähnlich wie in der SAP-Transaktion *SM50* lassen sich in der HANA DB laufende Prozesse terminieren. Dafür ist eine ausreichende Berechtigung vorausgesetzt. Gerade bei der Verwendung von Schleifen kann es infolge schlechter Programmierung oder ohne Einsatz von Abbruchkriterien zu Endlosschleifen kommen. Falls Sie einen derartigen Fall generiert haben, dann können Sie gemäß SAP KBA (2092196 – How-To: Terminating Sessions in SAP HANA) solch einen Prozess beenden.

1.14.5 IF-THEN-ELSE-Abfragen

Eine notwendige Anweisung in SQLScript ist die IF-THEN-ELSE-Abfrage. Diese wird mit einer IF-Anfrage begonnen, anschließend werden die THEN- und ELSE-Fälle hinzugefügt (siehe Listing 1.8).

```
i = 100;

IF :i <= 1000
```

```
  THEN    --mache irgendetwas
x := :i + 1;

ELSE      --mache etwas anderes
x := :i *2;

--ELSEIF - wenn noch weitere Abfragen stattfinden sollen

END IF;
```

Listing 1.8: Beispiel einer IF-THEN-ELSE-Abfrage

Mit der ELSEIF-Anweisung können Sie die Abfragen beliebig erweitern. Sie werden diese Abfrage in Abschnitt 2.2 bei der Funktion zur Ermittlung von Perioden/Monatszyklen wiedersehen.

1.14.6 SQLScript-Wertzuweisungen für Variablen

Anders als in ABAP unterscheidet man in SQLScript Wertzuweisungen für Variablen (*skalare Variablen*).

Skalare Variablen in SQLScript-Prozeduren werden im Definitionsbereich mit dem Kommando DECLARE … definiert (siehe Listing 1.9).

```
CREATE PROCEDURE My_Demo_Proc (OUT o_param INT)
LANGUAGE SQLSCRIPT
READS SQL DATA AS
BEGIN
DECLARE V_1 int;
      DECLARE V_2 int = 0;
      DECLARE V_3 int DEFAULT 0;

       t = select * from SALES ;
       select count(*) into V_1 from :t;
       V_2 = :V_1 + 1;
       o_param = :V_2 + :V_3;
END;
```

Listing 1.9: Beispiel für Verwendung von skalaren Variablen

Zu Beginn werden alle Variablen mit dem Wert NULL initialisiert. Eine Wertzuweisung kann mit dem Befehl `V_1 = 0;` (»Variable«) oder alternativ als `V_3 DEFAULT 0;` angegeben werden.

Abbildung 1.49 zeigt, wie die Variablen der Prozedur in der Debug-Perspektive mit den initialen Werten versehen werden.

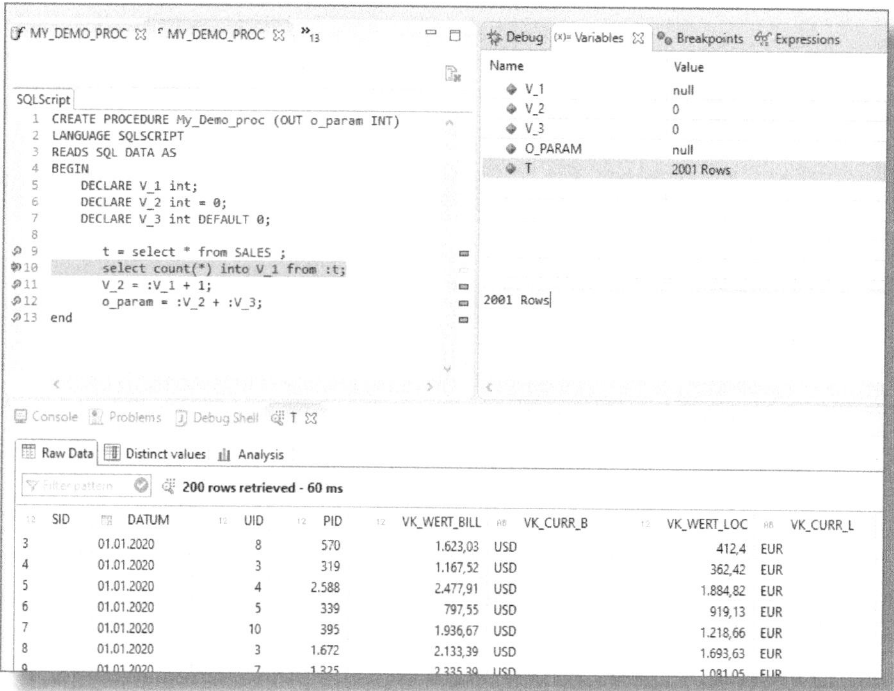

Abbildung 1.49: Initiale Variablenwerte in einer Prozedur

Um den Wert einer Variablen zu nutzen, müssen diese im späteren Verlauf bei Berechnungen über ihre Wertzuweisung mittels `V_2 =: V_1 +1` angesprochen werden.

Man kann außerdem bestehenden Variablen neue Werte direkt zuweisen: `V_2 = 100;`.

1.14.7 Komplexes BW-spezifisches SQLScript-Beispiel

Im folgenden Beispiel möchte ich Ihnen anhand einer BW-spezifischen Fragestellung darstellen, wie eine Kombination der verschiedenen SQL-Befehle im BW-Alltag Fragen beantworten kann.

In BW-Transformationen können Sie Formeln anlegen. Im Rahmen der Performanceoptimierung lassen sich diese für die HANA-Nutzung optimieren, sofern sie maximal Formeln, also keinen nativen ABAP-Code, beinhalten, die durch den Formeleditor erzeugt wurden. Das führt zu einer schnelleren Verarbeitung.

INITIAL und NULL

Im Formeleditor wird oft der Befehl `IF INITIAL ... SKIP RECORD` genutzt, um Records (z. B. mit Datum = 00.00.0000) aus der Datenmenge auszufiltern. Unter der ABAP-Ausführung funktioniert das einwandfrei, jedoch kennt HANA kein Initial. Statt dessen wäre unter HANA ein Datum wie im Beispiel als NULL deklariert und der RECORD würde dennoch weitergeleitet werden, jedoch ohne einen Skip-Befehl auszulösen. Nun können Sie im BW manuell jede Transformation sichten, oder Sie nutzen SQLScript, um alle Transformationen zu untersuchen.

Das Beispiel in Listing 1.10 wird das Ergebnis nicht anzeigen, sondern in einer Tabelle speichern, die dynamisch angelegt wird. Dabei soll dargestellt werden, dass durch SQLScript eine Vielzahl von Funktionalitäten aufeinander aufbauend ausgeführt werden kann. Einige finden Sie nachfolgend erläutert.

```
CREATE COLUMN TABLE "MY_TRFN_FORM_CHECK" as
(SELECT DISTINCT
trfn.TRANID,
trfn.OBJSTAT,
trfn.SOURCETYPE,
trfn.SOURCENAME,
trfn.TARGETTYPE,
```

```
trfn.TARGETNAME,
rule.RULEID,
rule.RULETYPE,
--Formatierung SAP Präfix

CASE left(form.TYPE,2)
 WHEN '/B' THEN right(form.TYPE,length(form.TYPE) -7)
 ELSE form.TYPE
 END  AS "Infoobject",

form.valid,
cast (form.formula as nvarchar(500)) as "FORMEL"

from "IHR_SAPBW_SCHEMA"."RSTRAN" as trfn

join " IHR_SAPBW_SCHEMA "."RSTRANRULE" as rule
on  trfn.TRANID = rule.TRANID

join " IHR_SAPBW_SCHEMA "."RSTRANSTEPROUT" as rout
on  trfn.TRANID = rule.TRANID

join " IHR_SAPBW_SCHEMA "."RSFOBUEV000" as form

on form.formid = rout.CODEID

WHERE trfn.objvers = 'A'
AND rule.ruletype = 'FORMULA'
AND "FORMEL" like '%INITIAL%SKIP%'
)
```

Listing 1.10: Beispiel für die Analyse von Formeln in Transformationen mit SQLScript

Dynamisches Anlegen von Tabellen aus SELECT

Im ersten Part des Coding legt SQLScript eine spaltenbasierte Tabelle mit dem gewünschten Namen an und selektiert dann die Daten mit JOIN aus den verschiedenen Tabellen der BW-Metadaten.

CASE-Anweisung

Im CASE-Zweig wird nun in der Tabelle RSFOBUEV000 die Spalte TYPE, in der die Datendeklaration des Infoobjekts steht, bereinigt.

Falls der dort ersichtliche String ein SAP-BW-Infoobjekt ist, ist das Präfix immer `/BI?/OI`, wobei das Fragezeichen bei Kundenobjekten für den Buchstaben C, bei SAP-Objekten jedoch für die Ziffer 0 (Null) steht.

	FORMID	OBJVERS	TYPE	VALID	FORMULA	FORMULA_STATUS
1	0072BPQZOL3TJFYKYBJ46016A	D	/BI0/OICRM_ETIME	X	CRM_ETIME + 1	
2	00A21X6TV94UE37PAP72GV9XB	D	/BI0/OIFCNETDUEMO	X	IF(IS_INITIAL(NETDUEDATE), '000000', DATE_MONTH(NETDUEDATE))	
3	00FTJKRN90J87HLNAPK5URP...	D	/BI0/OITCTRECNCMP	X	RECORDS_ALL - RECORDS_COMPR	@5B@
4	00H2LMJ15P0ZNBB13SCD4Q...	M	/BIC/OIEPZ3RATE	X	IF(DISPOCODE = 'Z3', QUANTITY, 0)	
5	00O2SNJ0EJULR4X32P7ORKZ...	A	/BIC/OIF0ACC1_2	X	LEFT(2, GL_ACCOUNT)	
6	00O2SNJ0EJULR4X32P7ORKZ...	M	/BIC/OIF0ACC1_2	X	LEFT(2, GL_ACCOUNT)	

Abbildung 1.50: Inhalt der SAP-BW-Tabelle RSFOBUEV000

Mittels der RIGHT- und LENGTH-Funktion schneiden Sie bei Infoobjekten das führende Präfix (z. B. `'/BIC/OI'`) ab.

CAST-Anweisung

Im obigen Code ist u. a. die CAST-Anweisung ersichtlich. Mit ihrer Hilfe kann jeder Datentyp dynamisch zur Laufzeit umgewandelt werden. Im Beispiel ist der SAP-BW-Datentyp der Spalte FORMULA vom Typ STRING, den HANA so nicht interpretieren kann.

Sie möchten jedoch bestimmte Werte aus der Spalte TYPE filtern, daher ändern Sie den Datentyp in den Typ NVARCHAR (500). Gleichzeitig ändern Sie den Spaltennamen mittels des AS-Befehls in FORMEL ab.

Filtern mit LIKE

In SQLScript können Sie den LIKE-Befehl nutzen, der wie im Standard-SQL das Prozent-Zeichen (%) als Wildcard-Zeichen verwendet.

Am Ende des Coding sehen Sie, dass in der neu erzeugten Spalte FORMEL auf die Zeichenkette `"FORMEL" like '%INITIAL%SKIP%'` alle Vorkommen gefiltert werden, in denen der SKIP-Befehl auf Grundlage von INITIAL aufgerufen wird.

1.14.8 Einfaches Leben und Hidden Feature durch Grouping Sets

Im Rahmen dieses Buches bin ich auf die SQL-Funktionen `Union` und `group by` nicht in aller Tiefe eingegangen, da ich diese als bereits bekannt voraussetze.

HANA SQLScript bietet aber eine sehr gute Möglichkeit, die Programmierung mit einer kurzen Anweisung – dem GROUPING SET – zu vereinfachen, denn SQLScript-Coding sollte möglichst einfach zu lesen sein. Dies bedeutet: Je weniger Zeilen Code, desto besser ist die Lesbarkeit.

So können Sie mittels SQL Daten der angelegten Tabelle SALES durch die Verwendung von UNION unterteilt nach Kundennummer (UID), Datum und Produkt (PID) ausgeben (siehe Listing 1.11).

```
select UID, NULL, NULL, sum(VK_WERT_LOC) from SALES
    group by UID
    union all
select NULL, DATUM, NULL, sum(VK_WERT_LOC) from SALES
    group by DATUM
union all
select NULL, NULL, PID, sum(VK_WERT_LOC) from SALES
    group by PID;
```

Listing 1.11: Beispiel für eine UNION-Verknüpfung von Daten

Durch die Erweiterung `GROUPING SETS` erwirken Sie in HANA die gleiche Ausgabe (siehe Abbildung 1.51), wobei das Coding in Listing 1.12 äquivalent zum oberen Coding ist.

```
select UID, DATUM, PID, sum(VK_WERT_LOC)
      from SALES
      group by grouping sets
      (
       (UID, DATUM, PID)
      );
```

Listing 1.12: Beispiel für das GROUPING-SET-Kommando

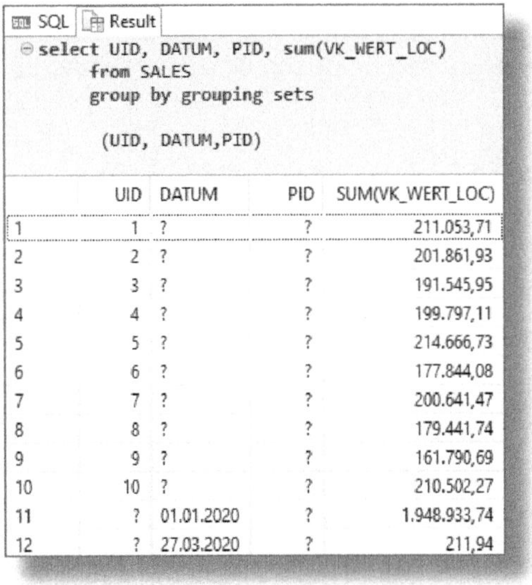

SQL | Result

```
select UID, DATUM, PID, sum(VK_WERT_LOC)
      from SALES
      group by grouping sets

       (UID, DATUM,PID)
```

	UID	DATUM	PID	SUM(VK_WERT_LOC)
1	1	?	?	211.053,71
2	2	?	?	201.861,93
3	3	?	?	191.545,95
4	4	?	?	199.797,11
5	5	?	?	214.666,73
6	6	?	?	177.844,08
7	7	?	?	200.641,47
8	8	?	?	179.441,74
9	9	?	?	161.790,69
10	10	?	?	210.502,27
11	?	01.01.2020	?	1.948.933,74
12	?	27.03.2020	?	211,94

Abbildung 1.51: Ausgabe Ergebnis des GROUPING SET

Sie erkennen hier, dass das Coding im Vergleich zu einem, das einen UNION nutzt, übersichtlicher wirkt. GROUPING SETS können aber noch mehr!

In Verbindung mit `STRUCTURED RESULT` haben Sie die Möglichkeit, bestimmte Kombinationen in einer gewünschten Reihenfolge darzustellen.

Das Beispiel in Listing 1.13 zeigt, dass sich Spalten durch geschickte Klammersetzung (UID, DATUM) ebenfalls als Block oder Struktur darstellen lassen.

```
select UID, DATUM, PID, sum(VK_WERT_LOC)
     from SALES
            group by grouping sets STRUCTURED RESULT
     (
      (UID, DATUM), (PID) );
```

Listing 1.13: Beispiel zur Nutzung von »STRUCTURED RESULT«

Das Ergebnis wird dann genau wie der definierte Aufbau des strukturierten Ergebnisses erzeugt (siehe Abbildung 1.52).

	UID	DATUM	PID	SUM(VK_WERT_LOC)
1	1	01.01.2020	?	210.841,77
2	2	01.01.2020	?	201.861,93
3	3	01.01.2020	?	191.545,95
4	4	01.01.2020	?	199.797,11
5	5	01.01.2020	?	214.666,73
6	6	01.01.2020	?	177.844,08
7	7	01.01.2020	?	200.641,47
8	8	01.01.2020	?	179.441,74
9	9	01.01.2020	?	161.790,69
10	10	01.01.2020	?	210.502,27
11	1	27.03.2020	?	211,94
12	?	?	23	259,63
13	?	?	24	349,38

Abbildung 1.52: Ausgabe Ergebnis von STRUCTURED RESULT

Hidden Feature STRUCTURED RESULT und temporäre Tabellen

In komplexen Anforderungen durch SQLScript kann man je nach Schachtelung, wie gerade aufgezeigt, unkompliziert Datenstrukturen mithilfe von UNION oder GROUPING SETS aufbereiten. Wie in Abbildung 1.52 dargestellt, könnte man nun die jeweiligen Teilergebnisse je nach Anforderung weiterverarbeiten.

Das *Hidden Feature* ist die interne Erzeugung von temporären Tabellen durch HANA selbst. Nachdem Sie das Coding ausgeführt haben, das zur Abbildung 1.52 geführt hat, hat HANA automatisch zwei Grouping-Tabellen – die erste für (UID, DATUM) und die zweite für PID – angelegt. Diese internen temporären Tabellen behalten ihre Gültigkeit, bis die aktuelle Session beendet wird.

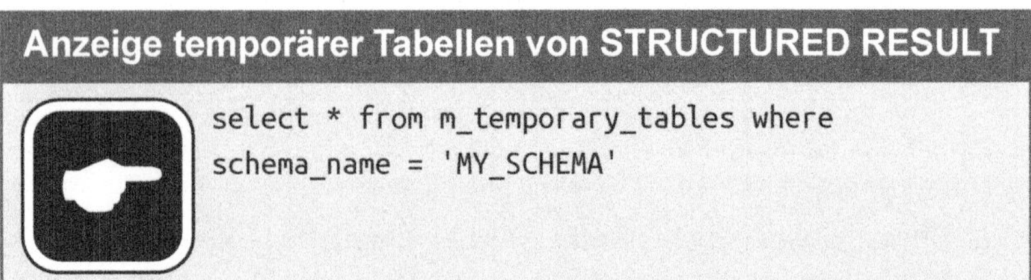

Anzeige temporärer Tabellen von STRUCTURED RESULT

```
select * from m_temporary_tables where
schema_name = 'MY_SCHEMA'
```

Wie Sie in Abbildung 1.53 erkennen, hat HANA automatisch zwei temporäre Tabellen (#GN1 und #GN2) erzeugt.

	HOST	PORT	TABLE_NAME	TABLE_OID	COMMENTS	FIXED_PART_SIZE	CONNECTION_ID	STATEMENT_ID	RECORD_COUNT	TABLE_SIZE
1	hdb...	30.003	#GN1	4.618.441.417.876.705.197		0	357.275	1534487000703922	11	148.271
2	hdb...	30.003	#GN2	4.618.441.417.876.705.203		0	357.275	1534487000703922	1.470	158.407

Abbildung 1.53: Interne temporäre Tabellen aus Structured Result

Den Inhalt der jeweiligen Tabelle können Sie ganz normal mit SQL ansprechen. Das Besondere ist, dass Sie automatisiert das jeweilige Teilergebnis in eigenen Tabellen (siehe Abbildung 1.54 und Abbildung 1.55) erhalten, die sich anschließend mit SQLScript dynamisch weiterverarbeiten lassen.

SQL | Result | Result

```
select * from "#GN1"
```

	UID	DATUM	SUM(VK_WERT_LOC)
1	1	01.01.2020	210.841,77
2	2	01.01.2020	201.861,93
3	3	01.01.2020	191.545,95
4	4	01.01.2020	199.797,11
5	5	01.01.2020	214.666,73
6	6	01.01.2020	177.844,08
7	7	01.01.2020	200.641,47
8	8	01.01.2020	179.441,74
9	9	01.01.2020	161.790,69
10	10	01.01.2020	210.502,27
11	1	27.03.2020	211,94

Abbildung 1.54: Inhalt von Tabelle #GN1

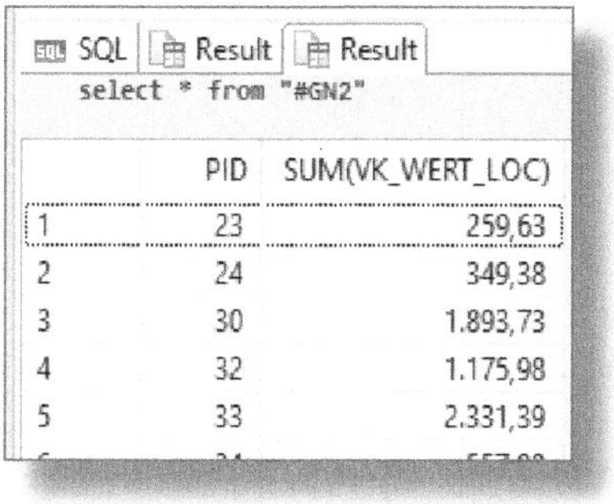

SQL | Result | Result

select * from "#GN2"

	PID	SUM(VK_WERT_LOC)
1	23	259,63
2	24	349,38
3	30	1.893,73
4	32	1.175,98
5	33	2.331,39

Abbildung 1.55: Inhalt von Tabelle #GN2

In Listing 1.14 habe ich mehrere Detaildefinitionen (`OVERVIEW`, `OVERVIEW PREFIX`) für die Ausgabe aufgelistet.

Sie können die verschiedenen Kombinationen durch Ein- oder Auskommentieren der jeweiligen Option ausprobieren. Option 3 gibt Ihnen sogar die Möglichkeit, eine Namenskonvention der temporären Tabellen festzulegen.

```
--Dynamische virtuelle Tabellen werden erst (automatisch)
gelöscht, wenn Session beendet wird
drop table "#G1";  --klappt nicht
drop table "MY_SCHEMA"."#G1"; --klappt auch nicht
--Die Löschung erfolgt automatisch, wenn Sie die Session in
ECLIPSE schließen. Versuchen Sie es einmal!

select UID, DATUM, PID, sum(VK_WERT_LOC)
     from SALES
     --Option 1 => nur #GN1 und #GN2
            group by grouping sets STRUCTURED RESULT
     --Option 2 => #GN0, #GN1 und #GN2
            --group by grouping sets STRUCTURED RESULT WITH
OVERVIEW
     --Option 3 =
            --group by grouping sets STRUCTURED RESULT WITH
OVERVIEW PREFIX '#MY_INT_TAB'
     (
      (UID, DATUM),
      (PID)
```

```
    );

select * from "#GN0";
select * from "#GN1";
select * from "#GN2";
Select * from "#MY_INT_TAB"
```

Listing 1.14: Beispiel für Zugriff mit SQLScript auf interne HANA-Tabellen

	HOST	PORT	TABLE_NAME	TABLE_OID	COMMENTS	FIXED_PART_SIZE	CONNECTION_ID	STATEMENT_ID	RECORD_COUNT	TABLE_SIZE
1	hdb...	30.003	#GN0	4.618.441.417.876.690.767		0	357.265	1534445530393492	2	1.836.007
2	hdb...	30.003	#GN1	4.618.441.417.876.690.777		0	357.265	1534445530393492	11	148.271
3	hdb...	30.003	#GN2	4.618.441.417.876.690.783		0	357.265	1534445530393492	1.470	158.407

Abbildung 1.56: Ergebnis der Coding-Option 2 mit Overview

	HOST	PORT	TABLE_NAME	TABLE_OID	COMMENTS	FIXED_PART_SIZE	CONNECTION_ID	STATEMENT_ID	RECORD_COUNT	TABLE_SIZE
1	hdb...	30.003	#MY_INT_TAB0	4.618.441.417.876.679.559		0	357.246	1534360416652486	2	1.836.007
2	hdb...	30.003	#MY_INT_TAB1	4.618.441.417.876.679.569		0	357.246	1534360416652486	11	148.271
3	hdb...	30.003	#MY_INT_TAB2	4.618.441.417.876.679.575		0	357.246	1534360416652486	1.470	158.407

Abbildung 1.57: Ergebnis der Coding-Option 3 mit Namenskonvention

Falls Sie zusätzlich noch die Anzahl der Ergebnismengen (MULTIPLE RESULTSETS) benötigen, kann das durch SQLScript direkt abgefragt werden (siehe Listing 1.15).

```
select UID, DATUM, PID, sum(VK_WERT_LOC)
from SALES group by grouping sets MULTIPLE RESULTSETS ( (UID,
DATUM), (PID) )
```

Listing 1.15: Beispiel für MULTIPLE RESULTSETS

SQL | Result | Result | Result

```
select UID, DATUM, PID, sum(VK_WERT_LOC)
from SALES group by grouping sets MULTIPLE RESULTSETS ( (UID, DATUM), (PID) )
```

	attribute	discrimination	instances	values	query part	sequence	table no
1	UID, DATUM	0,08136840164661407	2.001	11	1	1	1
2	PID	0,000020308723833295517	2.001	1.470	2	2	2

Abbildung 1.58: Ergebnis von MULTIPLE RESULTSETS

Das Ergebnis (siehe Abbildung 1.58) liefert zusätzlich zu den Daten auch die Anzahl der Datensätze (VALUES) sowie die Tabellennummer (TABLE NO), die dann wiederum in Ihrem Code zur dynamischen Ermittlung der internen Tabellen einsetzbar wäre (#GN || table no).

Besonders bei Prozeduren oder Table Functions kann die automatische Erstellung und Nutzung dieser internen Tabellen sehr hilfreich sein; das Coding wird zudem vereinfacht und lesbar gehalten.

1.14.9 Datumskonvertierungen

Im Bereich HANA SQLScript gibt es eine Vielzahl von Konvertierungsmöglichkeiten, die hier nicht alle angesprochen werden sollen, da das Buch dafür nicht ausgelegt ist.

Ein kleines Beispiel, basierend auf dem Datum, möchte ich Ihnen in Listing 1.16 aufzeigen, um Ihnen die Verarbeitung von Datumsfeldern zu verdeutlichen.

```
--Anlegen der Demo-Tabelle
insert into SALES_DATE values ('BIANALYST','20200821','22.50');
create column table SALES_DATE (
Produkt  nvarchar(30),
Date     date,
Value  dec(17,2)
);
--Einfügen eines Datensatzes
insert into SALES_DATE values ('BIANALYST','20200821','22.50');
--Ausgabe des Satzes mit Datumskonvertierung
(select *, TO_VARCHAR(Date,'DD.MM.YY')  from SALES_DATE
UNION
select *, TO_VARCHAR(Date,'DD.MM.YYYY') from SALES_DATE
UNION
select *, TO_VARCHAR(Date,'MM/DD/YYYY') from SALES_DATE
UNION
select *, TO_VARCHAR(Date,'YYYY-MM')    from SALES_DATE
UNION
select *, TO_VARCHAR(Date,'YYYY-MM-DD') from SALES_DATE
UNION
select *, TO_VARCHAR(Date,'YYYY/MM/DD') from SALES_DATE
```

```
UNION
select *, TO_VARCHAR(TO_DATE(Date),'YYYY/MM/DD') from SALES_
DATE);
```

Listing 1.16: Beispiel einer Datumskonvertierung

Das Ergebnis der Konvertierung (siehe Abbildung 1.59) können Sie gemäß Coding im deutschen bzw. amerikanischen Datumsformat oder auch nur mit Jahr und Monat wiedergeben.

	PRODUKT	DATE	VALUE	TO_VARCHAR(DATE,'DD.MM.YY')
1	BIANALYST	21.08.2020	22,5	21.08.20
2	BIANALYST	21.08.2020	22,5	21.08.2020
3	BIANALYST	21.08.2020	22,5	08/21/2020
4	BIANALYST	21.08.2020	22,5	2020-08
5	BIANALYST	21.08.2020	22,5	2020-08-21
6	BIANALYST	21.08.2020	22,5	2020/08/21

Abbildung 1.59: Ausgabe Datumskonvertierung

Eine andere Art der Datumskonvertierung bzw. Erweiterung für den Bereich SAP BW/4HANA stelle ich Ihnen in Abschnitt 4.1.2 vor.

1.14.10 Window Functions von HANA SQLScript

Ein sehr hilfreicher Bereich in SQLScript sind die *Window Functions* in HANA. Diese bieten die Möglichkeit, das Ergebnis in bestimmte Gruppen zu partitionieren, die frei definierbar sind, und in Windows auszugeben.

Um in HANA wie in ABAP den höchsten Wert eines bestimmten Kriteriums zu ermitteln, kann das Ganze mit den Zusätzen `MAX()` oder `MIN()` erfolgen, die ebenfalls zu den Window Functions gehören. Als Beispiel wird die höchste Kundennummer ermittelt:

```
select distinct MAX(UID)  from SALES
```

Oft werden bei SAP-BW-Transformationen, wie in ABAP, die internen Tabellen erst mit Daten gefüllt und anschließend gefiltert, um zum

Schluss nur den jeweils der Filterung entsprechenden höchsten Wert zu verwenden.

Wie bereits mehrfach angesprochen, soll HANA SQLScript anders als ABAP keine zeilenbasierte Programmierung sein, sondern immer mit Bezug auf das Gesamtergebnis der DB-Tabelle gesehen werden. Daher ist es häufig erforderlich, in einer bestimmten Gruppierung nur den höchsten bzw. ersten Wert zu ermitteln und diesen an die Folgeprozesse weiterzugeben.

In SQLScript können Sie diesen sehr schnell mit dem Ranking-Befehl (RANK) ermitteln. Das Beispiel in Listing 1.17 soll die höchste Kundennummer (UID) pro Produkt und Datum auslesen.

```
  select UID, DATUM, PID, sum(VK_WERT_LOC),
  rank() over (partition by DATUM,PID order by UID desc) as
"Ranking"
     from SALES
     group by UID, DATUM, PID
```

Listing 1.17: Beispiel für Window-Ranking-Funktion

In Abbildung 1.60 ist erkennbar, dass gemäß der SQLScript-Definition das Ranking nach PID und Datum ausgeführt und nach UID absteigend sortiert wird. Es erfolgt dann gemäß den Vorgaben automatisch numerisch.

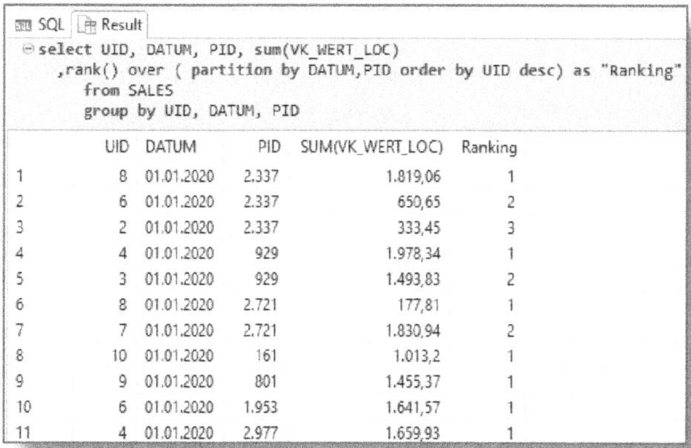

SQL | Result

```
select UID, DATUM, PID, sum(VK_WERT_LOC)
    ,rank() over ( partition by DATUM,PID order by UID desc) as "Ranking"
      from SALES
      group by UID, DATUM, PID
```

	UID	DATUM	PID	SUM(VK_WERT_LOC)	Ranking
1	8	01.01.2020	2.337	1.819,06	1
2	6	01.01.2020	2.337	650,65	2
3	2	01.01.2020	2.337	333,45	3
4	4	01.01.2020	929	1.978,34	1
5	3	01.01.2020	929	1.493,83	2
6	8	01.01.2020	2.721	177,81	1
7	7	01.01.2020	2.721	1.830,94	2
8	10	01.01.2020	161	1.013,2	1
9	9	01.01.2020	801	1.455,37	1
10	6	01.01.2020	1.953	1.641,57	1
11	4	01.01.2020	2.977	1.659,93	1

Abbildung 1.60: Ranking, geordnet nach Datum und PID

Um eine optimale Performance im SQLScript zu gewährleisten, könnten Sie zusätzlich im letzten Schritt alle Datensätze mit dem Ranking = 1 auslesen. Dies sollte nicht wie in ABAP als seriell nächster Schritt erfolgen, sondern mit im Statement verankert sein.

Positiv denken bei SQLScript-Filtern

Ein wichtiger Punkt in Bezug auf die Performance ist das positive Denken, wenn Filter ausgesetzt werden. Bei Filtern auf Statements wie das Ranking sollte immer darauf geachtet werden, Ranking = 1 anstatt Ranking <> 1 zu verwenden.

Einige Window Functions, wie das gerade genutzte Ranking, werden in den nächsten Beispielen behandelt.

Weitere Informationen zu Window Functions

Ich zeige Ihnen hier nur einen kleinen Ausschnitt aus den Window Functions. Sie finden eine ausführliche Beschreibung im HANA Developer Guide der SAP sowie in der jeweiligen DB-Version und im Service Pack (SP):

https://help.sap.com/viewer/52715f71adba4aaeb480d946c742d1f6/2.0.05/en-US/d3382069b5314733b79520889332d4a6.html.

Eine Übersicht aller Window Functions finden Sie unter *https://help.sap.com/viewer/4fe29514fd584807ac9f2a04f6754767/2.0.02/en-US/20a353327519101495dfd0a87060a0d3.html.*

Als Erstes legen Sie eine kleine Tabelle an (siehe Listing 1.18).

```
--Tabelle für Window Functions
drop table WIND_FUNC;
 create table WIND_FUNC (Land char(2), "Alter" int, offset
int);
```

```
insert into WIND_FUNC values('DE', 55, 1);
insert into WIND_FUNC values('DE', 66, 2);
insert into WIND_FUNC values('DE', 55, null);
insert into WIND_FUNC values('DE', 15, 2);
insert into WIND_FUNC values('DE', 10, 0);
insert into WIND_FUNC values('IT', 55, 1);
insert into WIND_FUNC values('IT', 15, 2);
insert into WIND_FUNC values('IT', 22, 3);
insert into WIND_FUNC values('GB', 73, 1);
```

Listing 1.18: Beispiel zur Erzeugung einer Tabelle und von Daten mit Window Function

Der Inhalt der Rohtabelle ist dann wie in Abbildung 1.61 dargestellt.

	LAND	Alter	OFFSET
1	DE	55	1
2	DE	66	2
3	DE	55	?
4	DE	15	2
5	DE	10	0
6	IT	55	1
7	IT	15	2
8	IT	22	3
9	GB	73	1

Abbildung 1.61: Inhalt der Tabelle für Test der Window Functions

Nun können Sie den Code ausführen, der einige der Funktionen beinhaltet (siehe Listing 1.19).

```
--Einige Window Functions
select Land, "Alter", offset,
  ROW_NUMBER() over (partition by Land order by "Alter" asc)
as "Zeilennummer",
    PERCENT_RANK() OVER (ORDER BY "Alter" ASC)   as
"Durchscnitt in%",
  RANK() over (partition by Land,"Alter" order by offset
desc) as "Ranking",
```

```
  DENSE_RANK() over (partition by Land order by "Alter") as
"Ranking Ohne Gaps",
    LEAD("Alter") over (partition by Land order by "Alter")
as "Nachfolger",
  LEAD("Alter",offset,-"Alter") over (partition by Land order
by "Alter") as"Nachfolger über Offset",
  LAG("Alter") over (partition by Land order by "Alter") as
"Vorgänger",
  LAG("Alter",offset,-"Alter") over (partition by Land order
by "Alter") as "Vorgänger über Offset"
 from WIND_FUNC
```

Listing 1.19: Ausgabe von Daten via Window Functions

	LAND	Alter	OFFSET	Zeilennummer	Ranking	Ranking Ohne Gaps	Nachfolger	Nachfolger über Offset	Vorgänger	Vorgänger über Offset
1	GB	73	1	1	1	1	?	-73	?	-73
2	DE	10	0	1	1	1	15	10	?	10
3	DE	15	2	2	1	2	55	55	10	-15
4	IT	15	2	1	1	1	22	55	?	-15
5	IT	22	3	2	1	2	55	-22	15	-22
6	DE	55	1	3	1	3	55	55	15	15
7	DE	55	?	4	2	3	66	-55	55	-55
8	DE	66	2	5	1	4	?	-66	55	55
9	IT	55	1	3	1	3	?	-55	22	22

Abbildung 1.62: Ergebnis der Window Functions

Wie in Abbildung 1.62 zu erkennen ist, existieren unterschiedliche Möglichkeiten, das Ranking durchzuführen. Die entsprechenden Zeilennummern (im Beispiel ZEILENNUMMER 1, 5, 3) und damit Zähler der Vorkommen können Ihnen bei der Verwendung von Filtern wie `Nachfolger = NULL` (?) dazu dienen, fehlerhafte Sätze im Ergebnis gleich im SQLScript zu eliminieren oder sie auszugeben. Im obigen Beispiel würden dann drei Fehler als Summe ausgegeben (drei NULL-(?)-Werte).

Wenn Sie z. B. den höchsten Wert (Alter) je Land benötigen, könnte dies anstatt mit `MAX(Ausdruck)` auch mit `MAX(Zeilennummer)` erfolgen. Weiterhin können, basierend auf den Zeilennummern, Durchschnittsmengen berechnet werden.

Sie sollten mithilfe des obigen Beispiels die Partitionsobjekte austauschen und etwas mit Ihren Daten »spielen«, um ein Gefühl für die Funktionen zu erhalten.

Wie man ebenfalls am Beispiel der Ermittlung der Vorgänger und Nachfolger erkennen kann, ist es sehr einfach, Berechnungen auf dieser Basis durchzuführen. Durch die Window Functions ist es ein Leichtes, Beziehungen in SQL abzubilden, **ohne** Daten erst in der internen Tabelle persistieren zu müssen.

1.14.11 Neue Befehle in HANA 2.0

Mit HANA 2.0 ist das Repertoire der Befehle erheblich gewachsen. Da der Rahmen des Buches begrenzt ist, möchte Ich Ihnen eine neue SQLScript-Funktionalität exemplarisch vorstellen.

Einer der neuen Befehle, den ich schon oft verwendet habe, ist derjenige für den Aufbau von Hierarchien aus Tabellendaten. Was früher nur sehr schwer über eine Rekursion möglich war, ist durch HANA 2.0 nun einfacher.

Es folgt ein kleines Beispiel, das ich aus der SAP-Hilfe entnommen und leicht modifiziert habe. Dazu erstellen Sie als Erstes eine Tabelle mit hierarchischen Daten (siehe Listing 1.20).

```
CREATE COLUMN TABLE Hierarchie_demo ( Parent VARCHAR(2), ID
VARCHAR(2), Type VARCHAR(10), Ord INTEGER, Amount INTEGER );

INSERT INTO Hierarchie_demo VALUES ( null, 'A1', 'KUNDE', 1,
50 );
INSERT INTO Hierarchie_demo VALUES ( 'A1', 'B1', 'PRODUKT',
1, 120 );
INSERT INTO Hierarchie_demo VALUES ( 'A1', 'B2', 'LAND', 2,
90 );
INSERT INTO Hierarchie_demo VALUES ( 'B1', 'C1', 'KUNDE', 1,
40 );
INSERT INTO Hierarchie_demo VALUES ( 'B1', 'C2', 'PRODUKT',
2, 60 );
```

```
INSERT INTO Hierarchie_demo VALUES ( 'B2', 'C3', 'LAND', 3,
75 );
INSERT INTO Hierarchie_demo VALUES ( 'B2', 'C4', 'KUNDE', 4,
30 );
INSERT INTO Hierarchie_demo VALUES ( 'C3', 'D1', 'PRODUKT',
1, 10 );
INSERT INTO Hierarchie_demo VALUES ( null, 'C5', 'LAND', 1,
99 );
INSERT INTO Hierarchie_demo VALUES ( 'C3', 'D2', 'KUNDE', 2,
25 );
INSERT INTO Hierarchie_demo VALUES ( 'C4', 'D3', 'PRODUKT',
3, 30 );
INSERT INTO Hierarchie_demo VALUES ( null, 'A2', 'LAND', 2,
80 );
INSERT INTO Hierarchie_demo VALUES ( 'A2', 'B3', 'KUNDE', 3,
45 );
INSERT INTO Hierarchie_demo VALUES ( 'A2', 'C4', 'PRODUKT',
4, 30 );
```

Listing 1.20: Erzeugung von Tabelle mit Hierarchiedaten

Die gerade erstellte Tabelle hat in der Spalte ID die Daten des Kindes bzw. Child, die jeweils dem Elternteil zugeordnet werden sollen. Die anderen Spalten dienen dazu, um eventuell eine Aggregation zu erzeugen.

Mit dem in Listing 1.21 gezeigten Befehl fragen Sie nun Ihre Tabelle ab.

```
--Erzeugen Hierarchie der Daten
SELECT hierarchy_rank AS rank,
    hierarchy_tree_size AS tree_size,
    hierarchy_parent_rank AS parent_rank,
    hierarchy_level AS level,
    hierarchy_is_cycle AS is_cycle,
    hierarchy_is_orphan AS is_orphan,
    --Hier kommen dann die Felder zur Kontrolle
    node_id,
    parent_id,
    type
```

```
FROM HIERARCHY (
SOURCE ( SELECT id AS node_id, parent AS parent_id, type
            FROM Hierarchie_demo
            ORDER BY ord )
CACHE FORCE
 )
ORDER BY hierarchy_rank;
```

Listing 1.21: Abfrage und Erstellung der Hierarchie-Darstellung

Sie erkennen am Beispiel, dass im ersten Teil die Hierarchie-Funktionalität von HANA angegeben wurde. Der zweite Teil zeigt, wie in Abbildung 1.63 dargestellt wird, dass die Kinder A1, A2 und C5 keine Parent_ID besitzen und somit Root-Knoten sind. Dies hat die Funktion ermittelt und wird in der Spalte LEVEL angezeigt.

	RANK	TREE_SIZE	PARENT_RANK	LEVEL	IS_CYCLE	IS_ORPHAN	NODE_ID	PARENT_ID	Type
1	1	10	0	1	0	0	A1	?	KUNDE
2	2	3	1	2	0	0	B1	A1	PRODUKT
3	3	1	2	3	0	0	C1	B1	KUNDE
4	4	1	2	3	0	0	C2	B1	PRODUKT
5	5	6	1	2	0	0	B2	A1	LAND
6	6	3	5	3	0	0	C3	B2	LAND
7	7	1	6	4	0	0	D1	C3	PRODUKT
8	8	1	6	4	0	0	D2	C3	KUNDE
9	9	2	5	3	0	0	C4	B2	KUNDE
10	10	1	9	4	0	0	D3	C4	PRODUKT
11	11	1	0	1	0	0	C5	?	LAND
12	12	4	0	1	0	0	A2	?	LAND
13	13	1	12	2	0	0	B3	A2	KUNDE
14	14	2	12	2	0	0	C4	A2	PRODUKT
15	15	1	14	3	0	0	D3	C4	PRODUKT

Abbildung 1.63: Ausgabe der generierten Hierarchie-Info

Wenn nun später in SQLScript eine bestimmte Aggregation erfolgen soll, kann diese statt über Loops auch mithilfe dieser Funktion ermöglicht werden. Je nach SQLScript-Anweisung können so z. B. nur bestimmte Knoten, beginnend bei einem vorgegebenen Einstiegslevel, ausgegeben werden, ohne die Schleifen über die gesamte Tabelle laufen lassen zu müssen.

Je nach Programmierung können die SQLScript-Befehle zusätzlich die Fehler in den Parent/Child-Beziehungen ermitteln, wie Listing 1.22 und Abbildung 1.64 zeigen.

```
SELECT hierarchy_rank AS rank,
    hierarchy_tree_size AS tree_size,
    hierarchy_parent_rank AS parent_rank,
    hierarchy_level AS level,
    hierarchy_is_cycle AS is_cycle,
    hierarchy_is_orphan AS is_orphan,
    node_id,
    parent_id,
    type
 FROM HIERARCHY ( SOURCE ( SELECT id AS node_id, parent AS
parent_id, type FROM Hierarchie_demo ORDER BY ord )
                START WHERE id LIKE 'B%'
                ORPHAN ADOPT )
ORDER BY hierarchy_rank;
```

Listing 1.22: Hierarchie mit Fehlerdarstellung

	RANK	TREE_SIZE	PARENT_RANK	LEVEL	IS_CYCLE	IS_ORPHAN	NODE_ID
1	1	3	0	1	0	0	B1
2	2	1	1	2	0	0	C1
3	3	1	1	2	0	0	C2
4	4	6	0	1	0	0	B2
5	5	3	4	2	0	0	C3
6	6	1	5	3	0	0	D1
7	7	1	5	3	0	0	D2
8	8	2	4	2	0	0	C4
9	9	1	8	3	0	0	D3
10	10	5	0	1	0	0	B3
11	11	1	10	2	0	1	A1
12	12	1	10	2	0	1	C5
13	13	2	10	2	0	1	A2
14	14	1	13	3	0	1	C4

Abbildung 1.64: Darstellung mit Hinweis auf IS_ORPHAN

Wie Sie schnell in der Spalte IS_ORPHAN ablesen, werden die Knoten, die keinen Vater haben, mit dem Wert »1« ausgewiesen.

Diese Funktion (`hierarchy_is_orphan AS is_orphan`) und der daraus resultierende Wert (1) können in SQLScript dazu verwendet werden, Fehler festzustellen oder fehlerhafte Knoten auszublenden (wie auch bei IS_CYCLE). Im Beispiel wollen Sie verwaiste Knoten (ORPHAN) nicht berücksichtigen (siehe Listing 1.23).

```
SELECT node_id
 FROM HIERARCHY ( SOURCE ( SELECT id AS node_id, parent AS
parent_id FROM Hierarchie_demo )
                  START WHERE id = 'A1'
                  DEPTH 2
                   ORPHAN IGNORE )
 WHERE hierarchy_level > 1
 ORDER BY node_id;
```

Listing 1.23: Ausblenden verwaister Knoten der Hierarchie

Diese kurze Anweisung liefert Ihnen das in Abbildung 1.65 gezeigte Ergebnis: Alle Knoten ab Level 1, inklusive Level 2, werden ermittelt.

	NODE_ID
1	B1
2	B2
3	C1
4	C2
5	C3
6	C4

Abbildung 1.65: Darstellung Hierarchie ab Level 1 für 2 Level

Ein praktisches Beispiel, das ich schon im Rahmen der Erstellung eines technischen Contents zur Analyse von SAP-BW/4HANA-Prozessketten genutzt habe, ist die hierarchische Abfolge von Schritten zur Befüllung von Business-Warehouse-Prozessketten.

Die klassische Tabelle in SAP BW sieht wie in Abbildung 1.66 aus.

Data Browser: Tabelle RSPCCHAIN 12 Treffer

Prüftabelle...

CHAIN_ID	OBJVERS	TYPE	VARIANTE	LNR	EVENT_START	EVENTP_START	EVENTNO_START	BACKLINK_START	EVENT_GREEN	EVENTP_GREEN
0TCT_C4_INIT_DELTA	A	TRIGGER	0TCT_C4_INIT_START_01	1			00		RSPROCESS	4ERB8V7DS5MAEGANKAMVYWAIM
0TCT_C4_INIT_DELTA	A	LOADING	0PAK_4U7SYH7UL2UHFYOWRXNLM1GCU	1	RSPROCESS	4ERA9VX3S5NAWII91RGPGA81Q	00		RSPROCESS	4ERB7ZU8CUZ3CEVNQJ2QWVJ9A
0TCT_C4_INIT_DELTA	A		0PAK_4U7SYHFJ41G6YL8CXRPXW3F2M	1	RSPROCESS	1L7KZRL2XT646YL427FYFMP2H	00		RSPROCESS	4GN06SUCOY1N0HNWII4XTI88U
0TCT_C4_INIT_DELTA	A	INDEX	0TCT_DEL_INDEX_C15	1	RSPROCESS	1PH1AFI9OKNGHAY8HIV049ZE1	00		RSPROCESS	58WNQ6SV8NYKDK930I99WXSMV
0TCT_C4_INIT_DELTA	A	DTP_LOAD	DTP_4U7SS54JJK7RCN5ZI64Z1PKWE	1	RSPROCESS	4ERB7ZU8CUZ3CEVNQJ2QWVJ9A	00		RSPROCESS	58VZGW8QZL0KXZ4C6W43WOVUF
0TCT_C4_INIT_DELTA	A		DTP_4U7SS5C82ITGV9PFO07BBRJM6	1	RSPROCESS	4GN06SUCOY1N0HNWII4XTI88U	00		RSPROCESS	1PH1AFI9OKNGHAY8HIV049ZE1
0TCT_C4_INIT_DELTA	A	DROPINDEX	0TCT_DEL_INDEX_C15	1	RSPROCESS	4GN06QX7YAM9CUSV1ZJVB0JSU	00		RSPROCESS	1L7KZRL2XT646YL427FYFMP2H
0TCT_C4_INIT_DELTA	A	DROPCUBE	0TCT_DELETE_DATA_C14	1	RSPROCESS	4ERB8V7DS5MAEGANKAMVYWAIM	00		RSPROCESS	4ERA9VX3S5NAWII91RGPGA81Q
0TCT_C4_INIT_DELTA	A		0TCT_DEL_DATA_C15	1	RSPROCESS	4HBQIZTCG228QGO4QK7L37HHA	00		RSPROCESS	4GN06QX7YAM9CUSV1ZJVB0JSU
0TCT_C4_INIT_DELTA	A	COMPRESS	N0TCT_C14_COMPRESS	1	RSPROCESS	58VZGW8QZL0KXZ4C6W43WOVUF	00			
0TCT_C4_INIT_DELTA	A		N0TCT_C15_COMPRESS	1	RSPROCESS	58WNQ6SV8NYKDK930I99WXSMV	00			
0TCT_C4_INIT_DELTA	A	ABAP	0TCT_DS15_DATA_DELETA	1	RSPROCESS	4ERB8V7DS5MAEGANKAMVYWAIM	00		RSPROCESS	4HBQIZTCG228QGO4QK7L37HHA

Abbildung 1.66: Tabelleninhalt Tabelle RSPCCHAIN (SAP BW)

Der Trigger-Prozess, der in einer Prozesskette einen Folgeprozess startet, befindet sich in der Spalte EVENTP_GREEN. Der Folgeprozess steht in der Spalte EVENTP_START usw. In dieser Liste lässt sich somit eine Abfolge von Prozessen ablesen. Ein ähnliches Beispiel wäre die Abfolge von Belegen in Ihrem SAP ECC oder S/4HANA.

Es folgt ein kurzes Beispiel, in dem Sie Daten als Tabelle anlegen und diese im zweiten Schritt auswerten. Falls Sie ein BW-System besitzen, können Sie die Erstellung der Tabelle überspringen und direkt die Ausführung auf Ihren BW-Daten ausprobieren. Das Beispielcoding aus Listing 1.24 dient zur Simulation der **RSPCCHAIN**-Werte, wenn Sie kein BW-System verwenden.

```
CREATE COLUMN TABLE RSPCCHAIN (CHAIN_ID varchar(25),OBJVERS
varchar(1),"TYPE" varchar(10),
VARIANTE varchar(30),LNR varchar(10),EVENT_START
varchar(32),EVENTP_START varchar(64),EVENTNO_START
varchar(2),BACKLINK_START varchar(1),EVENT_GREEN
varchar(32),EVENTP_GREEN varchar(64));

INSERT INTO RSPCCHAIN VALUES ('0TCT_C4_INIT_
DELTA','A','TRIGGER','0TCT_C4_INIT_START_01','1','','','00','
','RSPROCESS','4ERB8V7DS5MAEGANKAMVYWAIM');
INSERT INTO RSPCCHAIN VALUES ('0TCT_C4_INIT_
DELTA','A','ABAP','0TCT_DS15_DATA_DELETA','1','RSPROCESS','4E
RB8V7DS5MAEGANKAMVYWAIM','00','','RSPROCESS','4HBQIZTCG228QGO
4QK7L37HHA');
```

```
INSERT INTO RSPCCHAIN VALUES ('0TCT_C4_INIT_
DELTA','A','COMPRESS','N0TCT_C14_COMPRESS','1','RSPROCESS','5
8VZGW8QZL0KXZ4C6W43WOVUF','00','','');
INSERT INTO RSPCCHAIN VALUES ('0TCT_C4_INIT_
DELTA','A','COMPRESS','N0TCT_C15_COMPRESS','1','RSPROCESS','5
8WNQ6SV8NYKDK930I99WXSMV','00','','');
INSERT INTO RSPCCHAIN VALUES ('0TCT_C4_INIT_
DELTA','A','DROPCUBE','0TCT_DELETE_DATA_C14','1','RSPROCESS',
'4ERB8V7DS5MAEGANKAMVYWAIM','00','','RSPROCESS','4ERA9VX3S5NA
WII91RGPGA81Q');
INSERT INTO RSPCCHAIN VALUES ('0TCT_C4_INIT_
DELTA','A','DROPCUBE','0TCT_DEL_DATA_C15','1','RSPROCESS','4H
BQIZTCG228QGO4QK7L37HHA','00','','RSPROCESS','4GN06QX7YAM9CUS
V1ZJVB0JSU');
INSERT INTO RSPCCHAIN VALUES ('0TCT_C4_INIT_
DELTA','A','DROPINDEX','0TCT_DEL_INDEX_C15','1','RSPROCESS','
4GN06QX7YAM9CUSV1ZJVB0JSU','00','','RSPROCESS','1L7KZRL2XT646
YL427FYFMP2H');
INSERT INTO RSPCCHAIN VALUES ('0TCT_C4_INIT_DELTA','A','DTP_
LOAD','DTP_4U7SS54JJK7RCN5ZI64Z1PKWE','1','RSPROCESS','4ERB7Z
U8CUZ3CEVNQJ2QWVJ9A','00','','RSPROCESS','58VZGW8QZL0KXZ4C6W
43WOVUF');
INSERT INTO RSPCCHAIN VALUES ('0TCT_C4_INIT_DELTA','A','DTP_
LOAD','DTP_4U7SS5C82ITGV9PFO07BBRJM6','1','RSPROCESS','4GN06S
UCOY1N0HNWII4XTI88U','00','','RSPROCESS','1PH1AFI9OKNGHAY8HI
V049ZE1');
INSERT INTO RSPCCHAIN VALUES ('0TCT_C4_INIT_
DELTA','A','INDEX','0TCT_DEL_INDEX_C15','1','RSPROCESS','1PH1
AFI9OKNGHAY8HIV049ZE1','00','','RSPROCESS','58WNQ6SV8NYKDK930
I99WXSMV');
INSERT INTO RSPCCHAIN VALUES ('0TCT_C4_INIT_DELTA','A','LOADI
NG','0PAK_4U7SYH7UL2UHFYOWRXNLM1GCU','1','RSPROCESS','4ERA9V
X3S5NAWII91RGPGA81Q','00','','RSPROCESS','4ERB7ZU8CUZ3CEVNQJ
2QWVJ9A');
INSERT INTO RSPCCHAIN VALUES ('0TCT_C4_INIT_DELTA','A','LOADI
NG','0PAK_4U7SYHFJ41G6YL8CXRPXW3F2M','1','RSPROCESS','1L7KZR
L2XT646YL427FYFMP2H','00','','RSPROCESS','4GN06SUCOY1N0HNWII
4XTI88U');
```

Listing 1.24: Beispiel für Prozessketten, Daten-Simulation

Nach dem Anlegen der Tabelle sollten Ihre Daten analog zu der BW-Tabelle (siehe Abbildung 1.66) als HANA-Tabelle in Ihrem Schema zur Verfügung stehen (siehe Abbildung 1.67).

Analysis | Distinct values | Raw Data

Filter pattern | 12 rows retrieved - 31 ms | Execute | Add filter | Sort entire data set

CHAIN_ID	OBJVERS	TYPE	VARIANTE	LNR	EVENT_START	EVENTP_START
0TCT_C4_INIT_DELTA	A	TRIGGER	0TCT_C4_INIT_START_01	1		
0TCT_C4_INIT_DELTA	A	LOADING	0PAK_4U7SYHFJ41G6YL8CXRPXW3F2M	1	RSPROCESS	1L7KZRL2XT646YL427FYFMP2H
0TCT_C4_INIT_DELTA	A	LOADING	0PAK_4U7SYH7UL2UHFYOWRXNLM1GCU	1	RSPROCESS	4ERA9VX3S5NAWII91RGPGA81Q
0TCT_C4_INIT_DELTA	A	INDEX	0TCT_DEL_INDEX_C15	1	RSPROCESS	1PH1AFI9OKNGHAY8HIV049ZE1
0TCT_C4_INIT_DELTA	A	DTP_LOAD	DTP_4U7SS5C82ITGV9PFO07BBRJM6	1	RSPROCESS	4GN06SUCOY1N0HNWII4XTI88U
0TCT_C4_INIT_DELTA	A	DTP_LOAD	DTP_4U7SS54JJK7RCN5ZI64Z1PKWE	1	RSPROCESS	4ERB7ZU8CUZ3CEVNQJ2QWVJ9A
0TCT_C4_INIT_DELTA	A	DROPINDEX	0TCT_DEL_INDEX_C15	1	RSPROCESS	4GN06QX7YAM9CUSV1ZJVB0JSU
0TCT_C4_INIT_DELTA	A	DROPCUBE	0TCT_DELETE_DATA_C14	1	RSPROCESS	4ERB8V7DS5MAEGANKAMVYWAIM
0TCT_C4_INIT_DELTA	A	DROPCUBE	0TCT_DEL_DATA_C15	1	RSPROCESS	4HBQIZTCG228QGO4QK7L37HHA
0TCT_C4_INIT_DELTA	A	COMPRESS	N0TCT_C15_COMPRESS	1	RSPROCESS	58WNQ6SV8NYKDK930I99WXSMV
0TCT_C4_INIT_DELTA	A	COMPRESS	N0TCT_C14_COMPRESS	1	RSPROCESS	58VZGW8QZL0KXZ4C6W43WOVUF
0TCT_C4_INIT_DELTA	A	ABAP	0TCT_DS15_DATA_DELETA	1	RSPROCESS	4ERB8V7DS5MAEGANKAMVYWAIM

Abbildung 1.67: HANA-Tabelle RSPCCHAIN mit Daten

Anschließend fragen Sie die Tabelle mit SQLScript ab. Das SQL-Beispiel in Listing 1.25 gibt die Daten in hierarchischer Abfolge aus (analog zu den Schritten in der grafischen Darstellung des Ablaufs in SAP NetWeaver BW).

```
SELECT node_id
 FROM HIERARCHY (SOURCE ( SELECT EVENTP_GREEN AS node_id,
EVENTP_START AS parent_id FROM RSPCCHAIN )
                 START WHERE EVENTP_GREEN =
'4ERB8V7DS5MAEGANKAMVYWAIM'
                 DEPTH 2
                  ORPHAN IGNORE )
 WHERE hierarchy_level > 1
 ORDER BY node_id;
```

Listing 1.25: Ausgabe der Schritte einer Prozesskette als Hierarchie

Als Ergebnis erhalten Sie wie gewünscht Level 1 (siehe Abbildung 1.68).

```
SELECT node_id
  FROM HIERARCHY ( SOURCE ( SELECT EVENTP_GREEN AS node_id, EVENTP_START AS parent_id FROM RSPCCHAIN )
                   START WHERE EVENTP_GREEN = '4ERB8V7DS5MAEGANKAMVYWAIM'
                   DEPTH 2
                    ORPHAN IGNORE )
  WHERE hierarchy_level > 1
  ORDER BY node_id
```

	NODE_ID
1	4ERA9VX3S5NAWII91RGPGA81Q
2	4ERB7ZU8CUZ3CEVNQJ2QWVJ9A
3	4GN06QX7YAM9CUSV1ZJVB0JSU
4	4HBQIZTCG228QGO4QK7L37HHA

Abbildung 1.68: Auswertung der Level-1-Objekte RSPCCHAIN

Weiterführende Details finden Sie in der SAP-Hilfe zu SQLScript der Version 2.0 (SP5) im HANA Developer Guide.

2 Anwendungsbeispiele in HANA

In diesem Kapitel werde ich auf die Verwendung der Funktionalitäten von SQLScript in den verschiedenen Bereichen eines SAP-Systems eingehen.

Die Nutzung von Funktionen und Prozeduren ermöglicht es Ihnen, Ihren Code lesbar zu halten, indem Sie die verschiedenen Aufgaben, die ausgeführt werden sollen, nicht in einer einzigen Prozedur mit beispielsweise 500 Zeilen Script erstellen, sondern diese in mehrere Prozeduren und Funktionen aufteilen.

Eine Übersicht der HANA-SQLScript-Referenz erhalten Sie unter:

https://help.sap.com/viewer/4fe29514fd584807ac9f2a04f6754767/2.0.05/en-US/20ff532c751910148657c32fe3431a9f.html

Im Folgenden werden Sie zusätzlich zu den Funktionen, die die SAP mit Auslieferung der HANA DB bereitstellt, eigene Funktionen und Prozeduren anlegen. Diese Erweiterung des SQLScript-Standards ermöglicht Ihnen, die Funktionalität immer weiter auszubauen und Funktionen genau auf Ihre individuellen Bedürfnisse anzupassen.

2.1 HANA-SQLScript-Funktionen

Funktionen (Functions) dienen in HANA SQLScript der einmaligen Definition einer immer wiederkehrenden Funktionalität, um diese dann an anderer Stelle ebenfalls zu nutzen. Falls später eine Anpassung am Funktionscode notwendig wird, muss nur eine zentrale Funktion anstatt einer großen Anzahl von Stellen geändert werden. Dadurch kann der Code wiederverwendbar und lesbar gehalten werden. Die SAP liefert in SQLScript eine Vielzahl an Funktionen in Abhängigkeit von der jeweiligen HANA-DB-Version aus.

Nachfolgend liste ich einige der *SAP HANA Functions* auf, die Sie später noch nutzen werden bzw. schon in Abschnitt 1.14.1 kennengelernt haben.

- UCASE (identisch mit UPPER-Funktion): Der Befehl dient dazu, alles in Großbuchstaben umzusetzen.
- UPPER: Der Befehl dient dazu, alles in Großbuchstaben umzusetzen.
- RIGHT: Dieser Befehl gibt ab dem rechten String-Ende nach links eine Anzahl von Zeichen aus.
- LEFT: Dieser Befehl gibt vom linken String-Anfang nach rechts eine Anzahl von Zeichen aus.

Für Funktionen besteht in HANA 1.0 keine Möglichkeit, rekursiv eine Hierarchie der Tabelleninhalte (z. B. Kunden) aufzubauen; ab der Version HANA 2.0 kann dies durch SAP umgesetzt werden. Es lohnt sich daher, die Funktionsmöglichkeiten der jeweiligen Versionen von HANA SQLScript kennenzulernen, um das eigene Wissen auf dem aktuellen Stand zu halten.

In den folgenden Beispielen möchte ich Ihnen zeigen, wie Sie eigene Funktionen erstellen und nutzen können. Um SQLScript übersichtlich zu halten, ist es sehr sinnvoll, Teilaufgaben in entsprechende Funktionen auszulagern.

2.1.1 SQLScript-Funktionsdeklaration

SQLScript-Funktionen bestehen aus einem Kopf, der definiert, in welchem Schema die Funktion erzeugt werden soll, dem Namen der Funktion sowie den Input-Parametern.

Bei Funktionen wird der Rückgabewert über RETURNS übergeben. Dieser kann je nach Deklaration eine einzelne Variable oder Tabelleninhalt sein.

Im nächsten Teil, der standardmäßig deklariert werden sollte (siehe Listing 2.1), ist die Sprache (in diesem Fall `SQLScript`) definiert sowie, mit welcher Berechtigung `SQL SECURITY INVOKER` (Developer, Invoker – also Entwickler oder zum Zeitpunkt der Ausführung gültige Anwender/User) die Funktion ausgeführt wird.

Im weiteren Verlauf kann mit dem Code `READS SQL DATA AS` (Prozedur darf nur lesenden Zugriff auf die DB haben) oder `AS` (Funktion darf auch Daten verändern) definiert werden, ob eine Prozedur intern lesend oder schreibend arbeitet.

Ab der Zeile BEGIN folgt das von Ihnen manuell erstellte Coding wie der Aufruf von Funktionen, SELECT Statements etc. Mit END wird die Funktion anschließend beendet.

Jeglicher Kommentar sollte mit zwei Minuszeichen -- beginnen, damit dieser nicht als SQLScript interpretiert werden kann.

```
--Funktion Rumpfprogramm
CREATE FUNCTION MEIN_SCHEMA.GET_MY_NAME (
          IN ip_MEIN_INPUT NVARCHAR(50) ,
          )
      RETURNS op_MEINOUTPUT NVARCHAR(256)
      LANGUAGE sqlscript
      SQL SECURITY INVOKER
      READ SQL DATA AS - oder nur AS

BEGIN
--Hier steht Ihr Coding

END;
```

Listing 2.1: Beispiel für den Funktionskopf/Deklaration

2.1.2 Nested Functions

Eine *Nested Function* ist eine Funktion, die intern eine andere Funktion aufruft. Wie bereits in der Einleitung beschrieben, kann dies dazu dienen, SQLScript lesbarer zu halten, da z. B. anstelle von 100 Zeilen nur zwei bis drei Zeilen benötigt werden.

Anhand der Berechnung der Anzahl von Tagen zwischen zwei Daten wird dies im folgenden Beispiel veranschaulicht (siehe Listing 2.2).

Als Erstes müssen Sie die Funktion erstellen, die Sie später in den Routinen benutzen wollen.

```
--Nested function für Aufruf in Prozedur
CREATE FUNCTION get_days(
IN first_d date, IN second_d date )

RETURNS num_days bigint
AS
BEGIN
      num_days =  days_between (:first_d,:second_d  );
END;
```

Listing 2.2: Beispiel für den Aufruf von Nested Functions

Wie zu erkennen ist, nutzt diese Funktion wiederum eine SAP-Funktion (DAYS_BETWEEN), wodurch auch eine mehrstufige Schachtelung ermöglicht wird.

2.1.3 Verwendung von User Defined Functions (UDF)

Im Gegensatz zur ABAP-Programmierung, bei der Funktionen nur im Coding genutzt werden können, verwenden Sie in SQLScript SAP-Funktionen oder Ihre eigenen Funktionen (UDF) direkt mit SQL-Kommandos.

Stellen Sie sich vor, Sie möchten aus der Tabelle KUNDE den Namen sowie Vornamen auslesen und beide mit einem bestimmten Trennzeichen (z. B. --) ausgeben. Die gewünschte Ausgabe sollte also wie folgt sein: (Nachname--Vorname) »Böke--Jörg«.

Sie können dies direkt als SQLScript-Abfrage implementieren oder in eine Funktion auslagern, sollte die Anforderung häufiger benötigt werden. Ein kleines Beispiel dazu zeigt Listing 2.3.

In der Funktion, die aus drei Input-Parametern und einem Return-Parameter besteht, wird überprüft, ob innerhalb der IF-Anweisung ein Trennzeichen geliefert wird. Je nach Ergebnis der Anweisung wird dieses mittels PIPE (||)-Funktionalität verkettet und ausgegeben.

```
--Beispiel einer Namens-Funktion
CREATE FUNCTION GET_FULL_NAME (
          IN ip_vorname NVARCHAR(50) ,
          IN ip_trennzeichen NVARCHAR(50) ,
          IN ip_nachname NVARCHAR(50)
          )
                  RETURNS op_fullname NVARCHAR(256)
      LANGUAGE sqlscript
      SQL SECURITY INVOKER
    AS
      BEGIN
          IF :ip_trennzeichen IS NULL THEN
                  op_fullname = :ip_nachname || '** ' ||
:ip_vorname;
          ELSE
                  op_fullname = :ip_nachname || :ip_
trennzeichen ||    :ip_vorname ;
          END IF;
END;
```

Listing 2.3: Beispiel für eine User Defined Function

Diese Funktion können Sie nun mittels einer SQL-Konsole testen.

```
select GET_FULL_NAME('Jörg','--','Böke') from dummy
```

Bei Übergabe eines Trennzeichens erhalten Sie das in Abbildung 2.1 gezeigte Ergebnis.

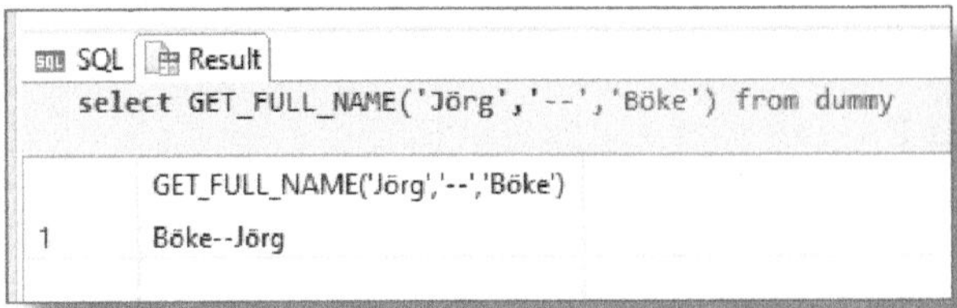

SQL | Result

```
select GET_FULL_NAME('Jörg','--','Böke') from dummy
```

	GET_FULL_NAME('Jörg','--','Böke')
1	Böke--Jörg

Abbildung 2.1: Aufruf Funktion mit Trennzeichen

Beim Aufruf der Funktion ohne Trennzeichen erhalten Sie das in der Funktion bei NULL definierte Trennzeichen ** (siehe Abbildung 2.2).

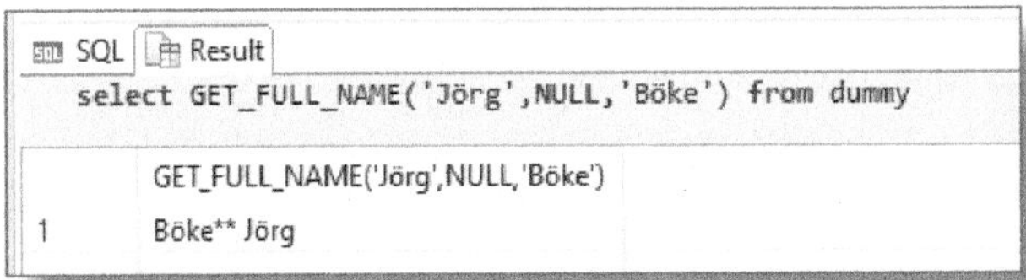

SQL | Result

```
select GET_FULL_NAME('Jörg',NULL,'Böke') from dummy
```

	GET_FULL_NAME('Jörg',NULL,'Böke')
1	Böke** Jörg

Abbildung 2.2: Aufruf Funktion ohne Trennzeichen

Mittels der Dummy-Funktionalität »SELECT … from dummy« kann die eben erstellte Funktion direkt in Ihre SQL-Aufrufe integriert und somit ein integraler Bestanteil Ihrer SQL-Funktionalität werden.

Die von Ihnen angelegte Tabelle KUNDE (siehe Abbildung 2.3) beinhaltet die Felder Vorname und Nachname.

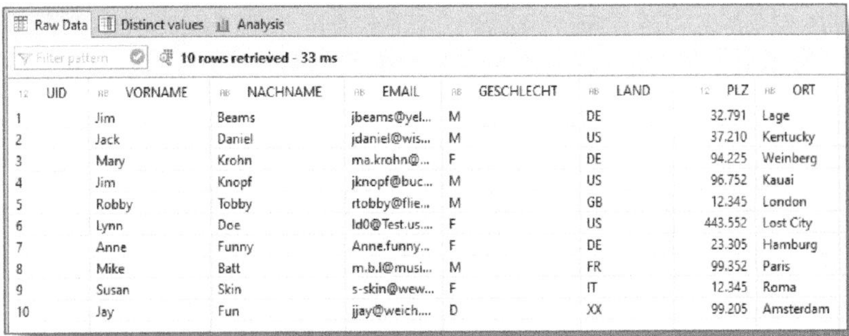

Raw Data | Distinct values | Analysis

Filter pattern — 10 rows retrieved - 33 ms

UID	VORNAME	NACHNAME	EMAIL	GESCHLECHT	LAND	PLZ	ORT
1	Jim	Beams	jbeams@yel...	M	DE	32.791	Lage
2	Jack	Daniel	jdaniel@wis...	M	US	37.210	Kentucky
3	Mary	Krohn	ma.krohn@...	F	DE	94.225	Weinberg
4	Jim	Knopf	jknopf@buc...	M	US	96.752	Kauai
5	Robby	Tobby	rtobby@flie...	M	GB	12.345	London
6	Lynn	Doe	ld0@Test.us....	F	US	443.552	Lost City
7	Anne	Funny	Anne.funny...	F	DE	23.305	Hamburg
8	Mike	Batt	m.b.l@musi...	M	FR	99.352	Paris
9	Susan	Skin	s-skin@wew...	F	IT	12.345	Roma
10	Jay	Fun	jjay@weich....	D	XX	99.205	Amsterdam

Abbildung 2.3: Inhalt der Tabelle Kunde

Nun können Sie diese Tabellenspalten mittels SQL-Anweisung mit der neuen Funktion direkt ausgeben.

```
Select GET_FULL_NAME(VORNAME,'--',NACHNAME) from KUNDE
```

Sie sollten das Trennzeichen wie angegeben verwenden, sodass die Ausgabe wie gewünscht erfolgen kann (siehe Abbildung 2.4). Alle Einträge in der Tabelle werden infolge der Funktion mit Trennzeichen ausgegeben.

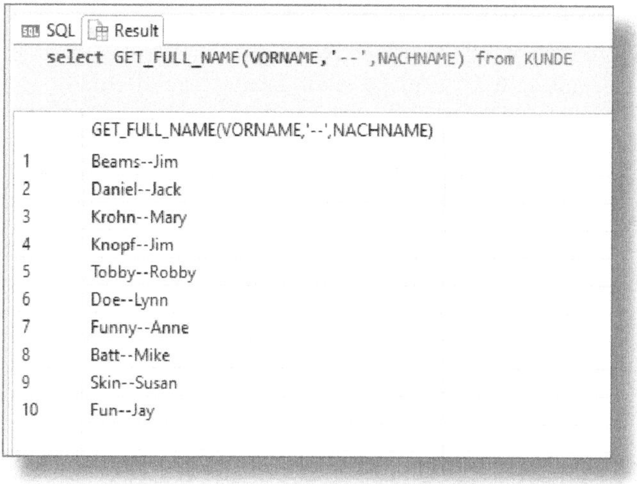

SQL | Result

```
select GET_FULL_NAME(VORNAME,'--',NACHNAME) from KUNDE
```

	GET_FULL_NAME(VORNAME,'--',NACHNAME)
1	Beams--Jim
2	Daniel--Jack
3	Krohn--Mary
4	Knopf--Jim
5	Tobby--Robby
6	Doe--Lynn
7	Funny--Anne
8	Batt--Mike
9	Skin--Susan
10	Fun--Jay

Abbildung 2.4: Tabellenausgabe KUNDE über Funktion

Natürlich können Sie die erstellte Funktion in Verbindung mit SQL-Funktionalitäten ergänzen.

Wenn Sie anstelle des Trennzeichens das Geschlecht mit Kommas getrennt ausgeben möchten, lässt sich das direkt integrieren:

```
Select GET_FULL_NAME(VORNAME,', '||GESCHLECHT||', ',NACHNAME)
from KUNDE
```

In diesem Beispiel (siehe Abbildung 2.5) kombinieren Sie nun SQL mit einer Funktion sowie mit der HANA-PIPE (||)-CONCAT-Funktionalität.

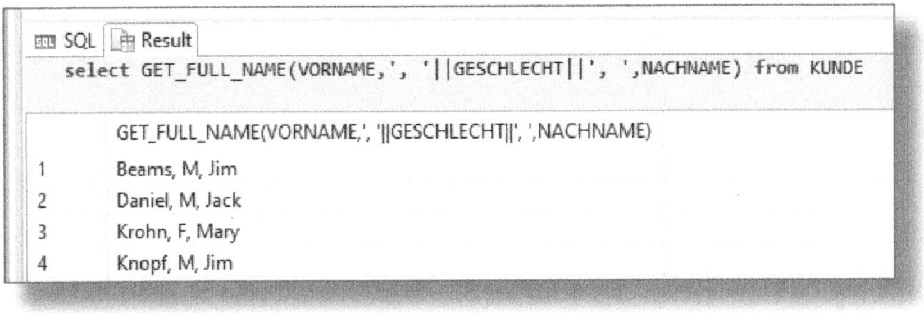

SQL | Result

```
select GET_FULL_NAME(VORNAME,', '||GESCHLECHT||', ',NACHNAME) from KUNDE
```

	GET_FULL_NAME(VORNAME,', '||GESCHLECHT||', ',NACHNAME)
1	Beams, M, Jim
2	Daniel, M, Jack
3	Krohn, F, Mary
4	Knopf, M, Jim

Abbildung 2.5: Ausgabe Tabelle KUNDE mit Erweiterung

Der Ausgabeparameter einer Funktion muss also nicht als Tabelle definiert werden. Wenn eine Funktion in eine Tabellenabfrage integriert wird, liefert die Tabelle das Ergebnis auf Zeilenbasis. Im Beispiel wird die die CONCAT-Funktion aufgerufen, es kann aber auch jede andere SQL-Funktion integriert werden, die dann das Ergebnis passend zu jeder Tabellenzeile liefert.

So lässt sich mittels SQLScript-Funktionen eine SQL-Abfrage enorm erweitern.

Untersuchung von Ergebniswerten und Austausch von Werten

Als Beispiel für eine höhere Komplexität soll im Folgenden die Funktion SEARCH_MY_STRING dienen (siehe Listing 2.4). Mittels dieser eigenen Funktion möchte ich darstellen, wie Sie in einer Funktion vorhandene Werte mithilfe der Funktion HANA REPLACE suchen und ersetzen. Im Beispiel werden numerische Werte durch ISO-Codes für Länder ausgetauscht. Dies kann dazu dienen, Daten aus verschiedenen Vorsystemen (SAP ECC, Non-SAP-Systeme) beispielsweise auf Grundlage von Ländercodes zusammenzuführen.

```
--Suchen und Ersetzen (SEARCH_MY_STRING)
--Erstellung String Search & Replace Function
create function SERACH_MY_STRING (IN IP_STR varchar(200) )
        returns OP_str varchar(200)
language sqlscript
as
```

```
begin
declare temp_str varchar(200) := ip_str ;

    --Ersetze jeden Wert von 10 durch IT
    temp_str := replace (:temp_str, '10', ',IT,');

    --Ersetze jeden Wert von 20 durch US
    temp_str := replace (:temp_str, '20', ',US,');

    --Ersetze jeden Wert von 33 durch DE
    temp_str := replace (:temp_str, '33', ',DE,');

        --Entferne doppelte Kommas
    temp_str := replace (:temp_str, ',,', ',');

    --Entferne nachfolgende Kommas
    if (right (:temp_str, 1) = ',' ) then
        temp_str =  left (:temp_str, length(:temp_str) -1 );
    end if;
        --Entferne führende Kommas
    if (left (:temp_str, 1) = ',' ) then
        temp_str =  right (:temp_str , length(:temp_str ) -1
);
    end if;

    op_str :=  :temp_str;
end;
```

Listing 2.4: Funktion zum Suchen und Ersetzen in Daten

Die dargestellte Funktion bekommt einen String als Eingabeparameter. Dieser String wird in sequenzieller Abarbeitung im Code (`temp_str := replace xxx`) auf bestimmte Werte untersucht. Die numerischen Werte werden durch die ISO-Codes der Länder (beispielsweise IT = Italien, DE = Deutschland, US = USA) ausgetauscht und durch Kommas getrennt ausgegeben.

Am Ende der Funktion werden dann durch eine IF-Anweisung zu viel hinzugefügte Komma-Separatoren wieder entfernt.

Testen Sie die Funktion zunächst. Bei dem Funktionsaufruf werden zum Test drei Strings mit dem Union-Befehl verknüpft und am Schluss der Funktion SEARCH_MY_STRING in Form einer Tabelle übergeben.

```
with test_str as
        ( select 1 as id, '103202' as str from dummy
          union all
          select 2 as id, '992931' as str from dummy
          union all
          select 3 as id, '133212' as str from dummy)
select id, str, search_my_str(str)
from test_str
```

Als Ergebnis des tatsächlichen Funktionsaufrufs werden die ausgetauschten und durch Komma separierten Werte zur Verfügung gestellt (siehe Abbildung 2.6).

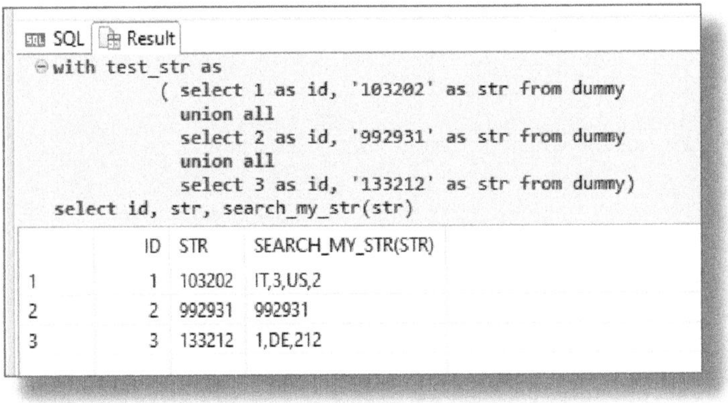

SQL | Result

```
with test_str as
        ( select 1 as id, '103202' as str from dummy
          union all
          select 2 as id, '992931' as str from dummy
          union all
          select 3 as id, '133212' as str from dummy)
select id, str, search_my_str(str)
```

	ID	STR	SEARCH_MY_STR(STR)
1	1	103202	IT,3,US,2
2	2	992931	992931
3	3	133212	1,DE,212

Abbildung 2.6: Ergebnis der Funktion SEARCH_MY_STRING

Das gerade dargestellte Beispiel könnte in ähnlicher Weise verwendet werden, um jegliche Art von Zeichenkette zu durchsuchen und mit gewünschten Zeichen zu ersetzen. Ein klassisches Anwendungsbeispiel wäre, fehlerhafte Zeichen mit einem Defaultwert auszutauschen (analog zu SAP NetWeaver BW »Ersetzung erlaubte Zeichen«).

2.1.4 Rekursive Funktionsaufrufe

Unter HANA 1.0 sind rekursive Aufrufe innerhalb von SQLScript **nicht** zugelassen. Ab HANA 2.0 SPS 4 ist dies in einer Tiefe bis 32 Aufrufe je nach Funktion erlaubt.

2.1.5 HANA Scalar Functions (Skalare Funktionen)

In der HANA-Entwicklung können auch in HANA Studio/Eclipse skalare Funktionen mittels Wizard erstellt werden. Im Unterschied zu Table Functions erfolgt die Rückgabe anhand eines Return-Ausdrucks von skalaren, also **flachen** und nicht tabellenartigen Werten. Dazu muss allerdings in die Perspektive SAP HANA Development gewechselt werden.

Die Erstellung einer skalaren Funktion erfolgt im HANA Studio mittels Klick der rechten Maustaste auf das gewünschte Entwicklungspaket, dann über die Auswahl New • Other … (siehe Abbildung 2.7) und der anschließenden Selektion von Scalar Function (siehe Abbildung 2.8).

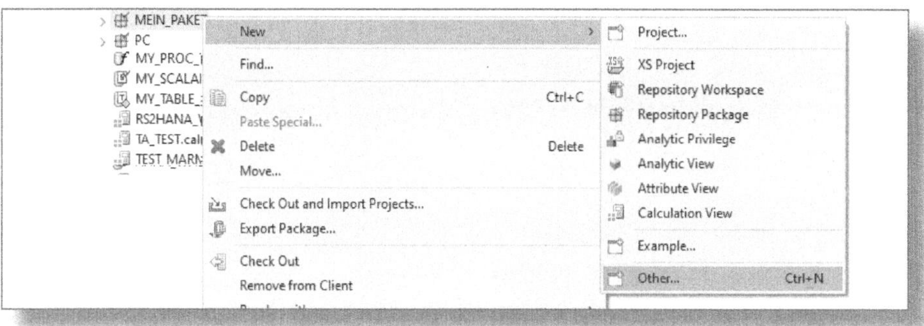

Abbildung 2.7: Anlegen einer neuen skalaren Funktion

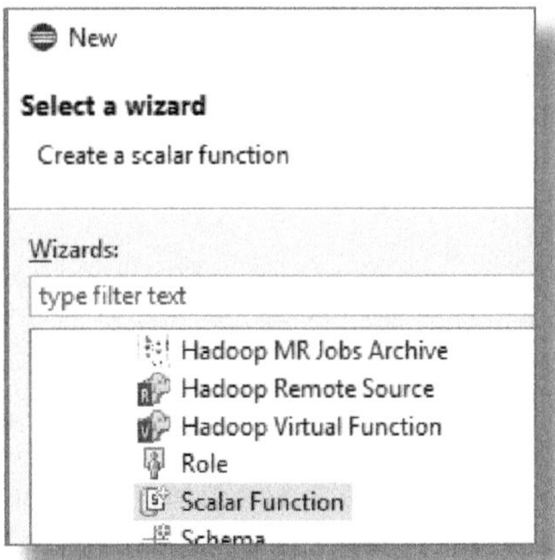

Abbildung 2.8: Anlegen einer skalaren Funktion mit Wizard

Als Beispiel werden Sie mit Ihrer Funktion, um es einfach zu halten, zwei Spalteninhalte miteinander multiplizieren (siehe Listing 2.5).

```
FUNCTION "MY_SCALAR_FUNCTION" (in i_input int, in i_multi
integer )

    RETURNS o_result int --Rückgabe der Funktion
    LANGUAGE SQLSCRIPT
    SQL SECURITY INVOKER AS
BEGIN
/*******Logik Beginn**********/
 o_result := :i_input * :i_multi; --Ergebnis der
Multiplikation
END;
```

Listing 2.5: Beispiel für eine skalare Funktion

Der Funktion werden zwei Integer-Werte übergeben, wobei die Rückgabe des Ergebnisses dann auf dem skalaren Wert `o_result` erfolgt.

In diesem Beispiel erkennt man erneut die Zuweisung der Werte der jeweiligen Variablen, wie bereits in Abschnitt 1.14.6 behandelt.

Nach dem Anlegen der skalaren Funktion (MY_SCALAR_FUNCTION) erscheint diese in Eclipse mit dem für diese Funktion typischen Symbol unterhalb Ihres ausgewählten Entwicklungspakets (siehe Abbildung 2.9).

Abbildung 2.9: Skalare Funktion in Eclipse mit Icon

Wenn Sie mit der gerade erstellten Funktion die beiden Spalten UID und PID der Tabelle SALES (siehe Abbildung 2.10) als Eingabeparameter aufrufen, erzeugt sie das gewünschte Ergebnis.

Raw Data | Distinct values | Analysis

Filter pattern | **200 rows retrieved - 51 ms**

SID	DATUM	UID	PID	VK_WERT_BILL	VK_CURR_B	VK_WERT_LOC	VK_CURR_L
3	01.01.2020	8	570	1.623,03	USD	412,4	EUR
4	01.01.2020	3	319	1.167,52	USD	362,42	EUR
5	01.01.2020	4	2.588	2.477,91	USD	1.884,82	EUR
6	01.01.2020	5	339	797,55	USD	919,13	EUR
7	01.01.2020	10	395	1.936,67	USD	1.218,66	EUR
8	01.01.2020	3	1.672	2.133,39	USD	1.693,63	EUR
9	01.01.2020	7	1.325	2.335,39	USD	1.081,05	EUR
10	01.01.2020	2	2.599	510,21	USD	653,33	EUR
11	01.01.2020	2	716	1.161,74	USD	99,19	EUR

Abbildung 2.10: Rohdaten der Tabelle

Zum Testen der Funktion MY_SCALAR_FUNCTION rufen Sie diese mit den beiden Tabellenspalten als Eingabeparameter wie folgt auf:

```
SELECT MY_SCALAR_FUNCTION(UID,PID) as "Ergebnis" FROM SALES;
```

Als Ergebnis erhalten Sie den Wert der Multiplikation, wie in Abbildung 2.11 dargestellt.

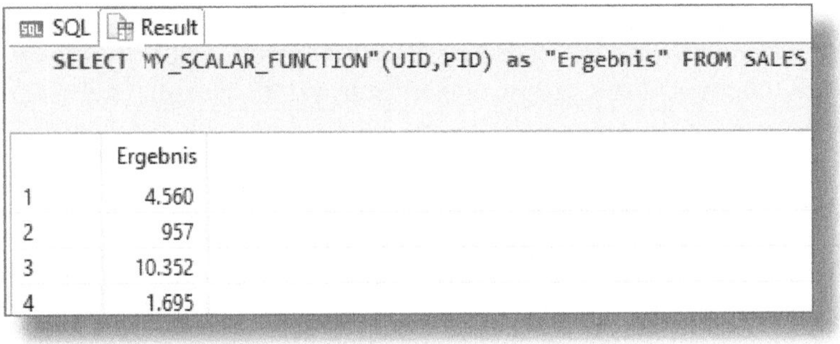

SQL | Result

```
SELECT MY_SCALAR_FUNCTION"(UID,PID) as "Ergebnis" FROM SALES
```

	Ergebnis
1	4.560
2	957
3	10.352
4	1.695

Abbildung 2.11: Ergebnis der skalaren Funktion

2.2 HANA-SQLScript-Prozeduren (Procedures)

HANA-SQLScript-Prozeduren dienen dazu, komplexe Logiken abzubilden und zu implementieren.

Im Gegensatz zu Funktionen, die allgemeingültiger sein können, werden Prozeduren in der Regel für eine bestimmte Aufgabe erstellt.

2.2.1 Deklaration von Prozeduren

SQLScript-Prozeduren bestehen aus einem Kopf, der angibt, in welchem Schema die Prozedur erzeugt werden soll, dem Namen der Prozedur sowie den In- und Output-Parametern.

Im nächsten Teil, der standardmäßig deklariert werden sollte, geben Sie die Sprache (in diesem Fall die Sprache SQLScript), die Art der Berechtigung (Developer, Entwickler oder der zum Zeitpunkt der Ausführung gültige Anwender), mit der die Prozedur ausgeführt wird, sowie das Default-Schema an.

Im weiteren Verlauf bestimmen Sie mit dem Code `READS SQL DATA AS` oder nur `AS`, ob eine Prozedur einen lesenden oder schreibenden Zugriff haben soll (vgl. Abschnitt 2.1.1).

Default-Schema Prozeduren

Um im Fehlerfall optimal debuggen zu können, sollten Sie in Prozeduren immer ein Default-Schema, am besten Ihr eigenes Kundenschema, angeben.

Ab der Zeile BEGIN erfolgt wieder das von Ihnen manuell erstellte Coding und mit END wird die Prozedur beendet.

Kommentare sollten auch hier mit zwei Minuszeichen »--« eingeleitet werden, damit der nachfolgende Text nicht als SQLScript interpretiert werden kann.

Listing 2.6 zeigt ein Beispiel für das Rumpfprogramm einer Prozedur.

```
CREATE PROCEDURE "MEIN_SCHEMA"."MEIN_PROZEDUR_NAME"
(
in  i_MEIN_PARAM1 NVARCHAR(3)
out o_MEIN_PARAM2 NVARCHAR(3)
)

LANGUAGE SQLSCRIPT SQL
SECURITY INVOKER  --Wird mit der Berechtigung des
Ausführenden aufgerufen

DEFAULT SCHEMA "MEIN_SCHEMA"
   READS SQL DATA AS
   --AS
BEGIN

--Ab hier kommt Ihr Coding für die Funktionalität

END;
```

Listing 2.6: Rumpfprogramm einer Prozedur

Aufruf einer Funktion in einer Prozedur

In Listing 2.7 rufen Sie Ihre in Abschnitt 2.1.2 angelegte Funktion auf, die die Anzahl der Tage zwischen zwei Datenbereichen berechnen soll.

```
--Procedure ruft nested function
CREATE PROCEDURE get_day_between
( IN first_d date,
IN second_d date,
out count_days bigint
)
AS
BEGIN
count_days = get_days (:first_d, :second_d);

END;
```

Listing 2.7: Einfache Prozedur für die Zeitberechnung

Die gerade erstellte Prozedur können Sie mit dem Befehl `call get_day_between ('08.05.1963','19.05.2020',?)` aufrufen und erhalten als Ergebnis *20.831* Tage, wie in Abbildung 2.12 dargestellt ist.

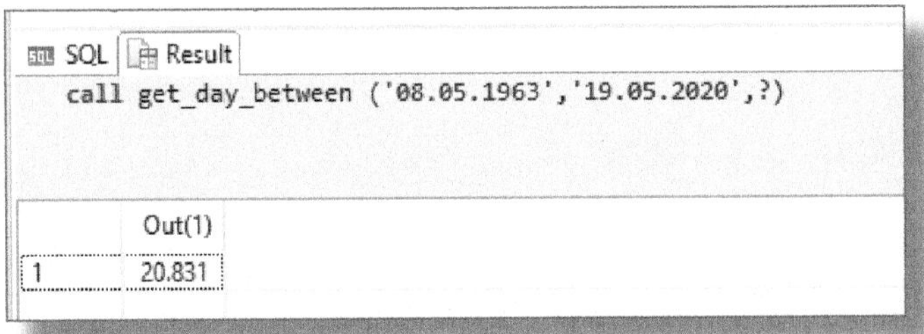

Abbildung 2.12: Ergebnis der Nested-Funktion in einer Prozedur

2.2.2 Prozeduren im Einsatz

Prozeduren können wie Funktionen beliebig geschachtelt werden. Jedoch sollte beim Anlegen von Prozeduren immer die Wiederverwendbarkeit von Code-Bereichen die jeweilige Prozedur bestimmen.

Eine Prozedur wird mit dem Call `MEINE_PROZEDUR` aufgerufen.

Ermitteln eines Tabellenschemas

Wenn Sie eine Prozedur nutzen möchten, um eine bestimmte Tabelle auszulesen, sollte bereits bekannt sein, dass Sie das jeweilige Tabellenschema voranstellen müssen.

Nun kann es aber gerade im SAP-Bereich vorkommen, dass dieses Schema innerhalb der Systemlandschaft unterschiedlich benannt wurde. So kann das Schema im Entwicklungssystem »DSAPBW« heißen, im Testsystem dagegen »QSAPBQ« und im produktiven BW-System »PSAPBW«. Wenn Sie nun SQL-Code transportieren und das Ganze als »hartcodiert« abgelegt wurde, wird Ihr Coding am Ende in der Produktionslandschaft eventuell nicht funktionieren.

HANA-Transporte von Tabellenschemas

Die Übersetzung des Schemas bei Transporten von Objekten kann auch anhand einer HANA-Transportkette verhindert werden. Dies wird hier im Buch nicht erläutert.

Sie müssen mittels der ersten Prozedur das jeweils gültige Schema ermitteln, um dieses im zweiten Schritt einer weiteren Prozedur zur Verfügung zu stellen.

Die Prozedur in Listing 2.8 bekommt als Eingabeparameter einen Tabellennamen, ermittelt aus den HANA-Systemtabellen das Schema und gibt dieses als verketteten String zurück.

```
--Prozedur Schema ermitteln
CREATE PROCEDURE "MY_GET_TABSCHEMA" ( IN p_tabname
varchar(256), OUT p_sys nvarchar(256))
   LANGUAGE SQLSCRIPT
   SQL SECURITY INVOKER
   DEFAULT SCHEMA "MEIN_SCHEMA"
   READS SQL DATA AS

--Liest HANA-Schema für angegebene Tabelle aus und liefert
Schema- und Tabellenname als String
BEGIN
      DECLARE LV_PHYS nvarchar(256);
  t = SELECT * FROM "_SYS_BI"."M_SCHEMA_MAPPING" where
AUTHORING_SCHEMA = 'ABAP';
    select PHYSICAL_SCHEMA into LV_PHYS  from :t;
   p_sys = concat('"',concat(:LV_PHYS,'"."'));     --z. B.
"SAPP01"."
   p_sys = concat(p_sys,concat(:p_tabname,'"'));  --z. B.
"SAPP01"."MyTable"

END;
```

Listing 2.8: Ermittlung des aktuellen HANA-Schemas

Das Ergebnis dieser Prozedur nach dem Aufruf durch `call "MY_GET_TABSCHEMA"('TCURR',?)` sehen Sie in Abbildung 2.13.

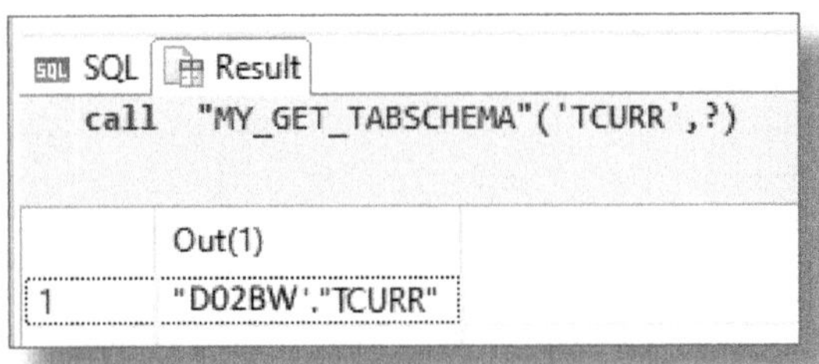

Abbildung 2.13: Ausgabe Schema zur Tabelle TCURR

Dynamisches Auslesen der Tabelle TVARVC mit einer Prozedur

Im SAP-Umfeld kommt es sehr häufig vor, dass bestimmte Pflege- und Customizing-Werte in der Tabelle TVARVC abgelegt werden. Beispielsweise kann zu einem konkreten Schlüssel eine Ober- und Untergrenze definiert oder ein bestimmter Datumsbereich (von ... bis ...) gepflegt werden, der an anderer Stelle im späteren Verlauf ausgelesen und als Filter genutzt werden kann.

Da Sie sich aber mit HANA SQLScript befassen, möchte ich Ihnen aufzeigen, wie Sie diese Tabelle mittels SQLScript auslesen. Um das Ganze dynamisch zu halten, verwenden Sie zusätzlich die gerade angelegte Prozedur, die das Tabellenschema ermitteln kann. Zusätzlich werden Sie zwei neue Aspekte der SQLScript-Programmierung kennenlernen.

- Fehlerbehandlung innerhalb einer Prozedur
- Exit Handler
- Temporäre Tabellen
- Dynamischer SQL-Aufruf (z. B. `EXEC SQL`)

Die Prozedur zum Auslesen der TVARVC-Tabelle legen Sie wie in Listing 2.9 an.

```
--Prozedur zur Ermittlung von TVARVC-Werten
PROCEDURE "MY_GET_TVARVC_VALUE" (
        IN  pNAME VARCHAR(30),
        OUT pSIGN VARCHAR(1),
        OUT pOPTI VARCHAR(2),
        OUT pLOW VARCHAR(255),
        OUT pHIGH VARCHAR(255),
        OUT pEX_MESSAGE nvarchar(200)
        )

LANGUAGE SQLSCRIPT
 SQL SECURITY INVOKER
 DEFAULT SCHEMA "MEIN_SCHEMA"
 AS
```

```
BEGIN

    DECLARE LV_SYS NVARCHAR(256);
    DECLARE LV_SIGN VARCHAR(1);
    DECLARE LV_OPTI VARCHAR(2);
    DECLARE LV_LOW VARCHAR(255);
    DECLARE LV_HIGH VARCHAR(255);
    DECLARE LV_SQL VARCHAR(299);


--Definition exeption handling mit Return-Wert für procedure
    DECLARE EXIT HANDLER FOR SQLEXCEPTION
     BEGIN
      pex_message := 'SQL Exception occured. Error Code is: '
|| ::SQL_ERROR_CODE || ' Error message is: ' || ::SQL_ERROR_
MESSAGE;
      drop TABLE #my_TVARVC ;
     END;
--Da temporäre Tabellen in HANA-SQLScript-Prozeduren nicht
erlaubt sind,
--generieren wir eine echte Tabelle und werfen diese am Ende
der Prozedur wieder weg

--Erstellen der temporären Tabelle
create local temporary table #my_TVARVC(
        MANDT NVARCHAR(3),
        NAME VARCHAR(30),
        TYPE VARCHAR(1),
        NUMB NVARCHAR(4),
        SIGN VARCHAR(1),
        OPTI VARCHAR(2),
        LOW VARCHAR(255),
        HIGH VARCHAR(255),
        CLIE_INDEP VARCHAR(1)
        );
        CALL "MY_GET_TABSCHEMA"('TVARVC',:LV_SYS);
--SQL-Statement als String zusammensetzen mit Concatenate
(PIPE) und dem gerade ermittelten Schemanamen
    lv_sql = 'INSERT into #my_TVARVC ( SELECT * FROM ' ||
LV_SYS || ' WHERE NAME = ''' || PNAME || ''')';
    --SQL ausführen
```

```
EXEC (:LV_SQL);
    --Lies die Werte aus der internen TMP-Tabelle aus

    SELECT SIGN
        INTO LV_SIGN
        FROM #my_TVARVC;
    SELECT OPTI
        INTO LV_OPTI
        FROM #my_TVARVC;
    SELECT LOW
        INTO LV_LOW
        FROM #my_TVARVC;
    SELECT HIGH
        INTO LV_HIGH
        FROM #my_TVARVC;
    --Rückgabe der Werte an die Ausgabeparameter
    pSIGN = :LV_SIGN;
    pOPTI = :LV_OPTI;
    pLOW = :LV_LOW;
    pHIGH = :LV_HIGH;
    --Um Probleme zu vermeiden, wird die TMP-Tabelle gelöscht
    drop TABLE #my_TVARVC ;
END;
```

Listing 2.9: Beispiel zum Auslesen der Tabelle TVARVC in SAP

Die Prozedur liest im ersten Schritt dynamisch das Schema der Tabelle TVARVC über die Prozedur MY_GET_TABSCHEMA mit der Variablen LV_SYS aus. Dieses Schema wird mit der CONCAT-(PIPE)-Funktionalität als String an eine zweite Variable mit der Bezeichnung LV_SQL übergeben.

Im Folgeschritt wird durch den EXEC-Befehl das dynamisch erstellte SQL ausgeführt, welches die Tabelle ausliest und die ermittelten Werte in die interne Tabelle überträgt.

Im letzten Schritt wird die interne Tabelle an die fünf Ausgabeparameter übergeben und danach gelöscht.

Wie man in diesem Beispiel der Prozedur `MY_GET_TVARVC_VALUE` schön erkennen kann, bietet SQLScript ein mächtiges Tool, mit dem sich die SAP-Standard-SQL-Prozeduren nach eigenen Anforderungen um kundenspezifische Prozeduren erweitern lassen.

Der Aufruf der Prozedur erfolgt dann wie folgt, wobei der Parameter `Z_DEMO_DATE` der Schlüsseleintrag der Tabelle TVARVC ist, dessen Werte Sie auslesen möchten. Die Fragezeichen stehen jeweils für einen Rückgabewert in der entsprechenden Reihenfolge, in der die Prozedur die Parameter definiert.

```
Call "MY_GET_TVARVC_VALUE" ('Z_DEMO_DATE',?,?,?,?,?)
```

Der Inhalt der physischen SAP-Tabelle TVARVC (Transaktion *SE11*) wird in der SAP GUI am Beispiel des Eintrags für Z_DEMO_DATE angezeigt (siehe Abbildung 2.14).

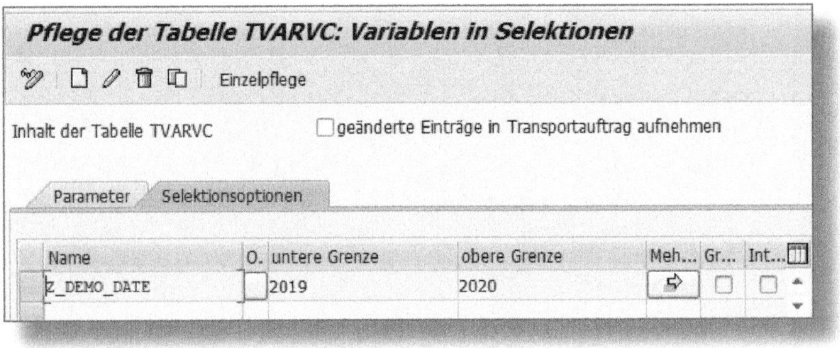

Abbildung 2.14: SAP-Tabelle TVARVC mit Parameter

Das Ergebnis der Prozedur nach ihrem Aufruf sollte wie in Abbildung 2.15 aussehen.

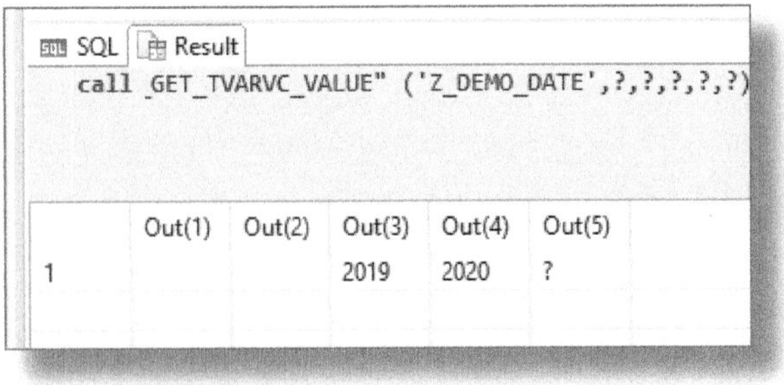

Abbildung 2.15: Ergebnis der Prozedur »Auslesen TVARVC«

SQL-Fehlerbehandlung

Genau an dieser Stelle, beim Aufruf der Prozedur, könnten Fehler auftauchen, indem beispielsweise eine nicht existente Tabelle verwendet wurde. In dem Code der Prozedur (siehe Listing 2.10) verwenden Sie daher den *Exit Handler* von SQLScript, der den durch SQL generierten Fehlertext wieder an den Endanwender im SQLScript-Aufruf zurückgibt. Sie können sich den Ausgabetext, der generell auf Englisch formuliert wird, auch in Deutsch ausgeben lassen. Jedoch empfehle ich den Code immer in Englisch zu erstellen, um Internationalität zu gewährleisten.

```
DECLARE EXIT HANDLER FOR SQLEXCEPTION
BEGIN
pex_message := 'SQL Exception occured. Error Code is: ' ||
::SQL_ERROR_CODE || ' Error message is: ' || ::SQL_ERROR_
MESSAGE;
```

Listing 2.10: Fehlerbehandlung in Funktionen oder Prozeduren

Falls innerhalb der Prozedur, z. B. aufgrund einer fehlerhaften Eingabe eines Parameternamens, ein Fehler entstehen sollte, der wiederum zu einem SQL-Fehler führt, erhalten Sie diesen durch den deklarierten Exit Handler in Form einer Rückmeldung, **ohne** dass die SQLScript-Prozedur terminiert wird (siehe Abbildung 2.16).

SQL | Result

```
call "GET_TVARVC_VALUE" ('DEMO_VALUE',?,?,?,?,?)
```

	Out(1)	Out(2)	Out(3)	Out(4)	Out(5)
1	?	?	?	?	SQL Exception occured. Error Code is: 1299 Error message is: no data found

Abbildung 2.16: Ausgabe eines SQL-Fehlers in Prozedur durch Exit Handler

Ermittlung des Monatsendes

In vielen Bereichen von SAP NetWeaver BW ist es von großer Bedeutung, den Zeitraum eines Monats zu definieren. Zahlreiche Unternehmen definieren beispielsweise, bis wann der Vormonat und ab wann der aktuelle Monat für Berechnungen genutzt werden soll (z. B. bis zu drei Tage vor Ende eines Monats soll das aktuelle Datum, danach das Monatsende als Datum angenommen werden).

Die Implementierung der Logik kann von Ihnen gemäß Ihren Anforderungen angepasst werden, was durch SQLScript ermöglicht wird.

In Listing 2.11 nutzen Sie als kleine Erweiterung die HANA-Datumsfunktionen mit positivem und negativem Offset, um die gewünschten Datumsgrenzen festzulegen.

```
--Dynamische Ermittlung des Monatsendes
PROCEDURE "MY_GET_MONTH_END" (IN P_DATUM char(8), OUT P_
DATUMABSCHLUSS date)
   LANGUAGE SQLSCRIPT
   SQL SECURITY INVOKER
       DEFAULT SCHEMA "MEIN_SCHEMA"
   READS SQL DATA AS
BEGIN

/*****************************
       Hier kommt Ihr Code
 *****************************/

DECLARE lv_datum_heute date ;
DECLARE lv_datum date ;
DECLARE lv_datum_erster date ;
DECLARE lv_datum_letzer date ;
DECLARE lv_datum_grenze date ;
DECLARE lv_datum_letzter_am date ;
DECLARE lv_datum_letzter_vm date ;
DECLARE lv_datum_abschluss date ;
```

```
/*
  Eingabedatum in internes Format umwandeln
*/
SELECT TO_DATE(P_DATUM, 'YYYYMMDD') into lv_datum_heute FROM
DUMMY;

/*
  Ermitteln innerhalb der Prozedur von:
  - letzten Tag des aktuellen Monats
  - ersten Tag des aktuellen Monats
  - das Grenzdatum für den aktuellen Monatsabschluss
  - letzten Tag des aktuellen Monats
  - letzter Tag des Vormonats
*/

SELECT LAST_DAY (lv_datum_heute) into lv_datum_letzer FROM
DUMMY;
SELECT ADD_MONTHS (lv_datum_heute, -1) into lv_datum FROM
DUMMY;
SELECT ADD_DAYS (LAST_DAY (lv_datum), +1) into lv_datum_
erster FROM DUMMY;
SELECT ADD_DAYS (lv_datum_letzer, -3) into lv_datum_grenze
FROM DUMMY;
SELECT LAST_DAY (lv_datum_heute) into lv_datum_letzter_am
FROM DUMMY;
SELECT LAST_DAY (ADD_MONTHS (lv_datum_letzter_am, -1)) into
lv_datum_letzter_vm FROM DUMMY;

/*
  Prüfen, welchen Monatsabschlußdatum genutzt werden soll
  Vom 01. bis kleiner des Grenzdatum sind wir im Vormonat,
   sonst, vom Grenzdatum an sind wir im aktuellen Monat
*/
if  lv_datum_heute >= lv_datum_erster
and lv_datum_heute < lv_datum_grenze
then
lv_datum_abschluss := lv_datum_letzter_vm ;
else
```

```
lv_datum_abschluss := lv_datum_letzter_am ;
end if ;

P_DATUMABSCHLUSS := lv_datum_abschluss ;

END;
```

Listing 2.11: Dynamische Datumsberechnung für Monatsende

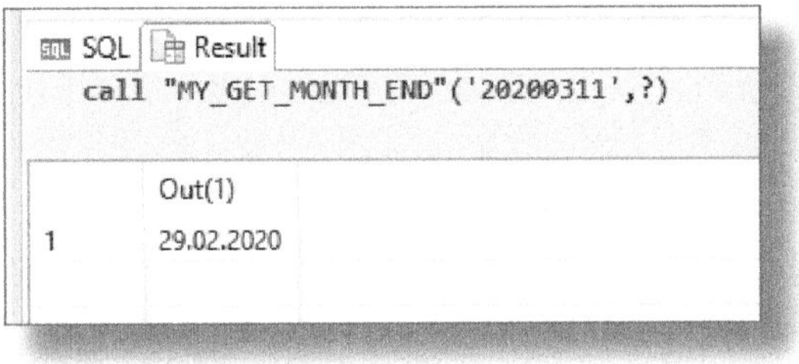

SQL | Result

```
call "MY_GET_MONTH_END"('20200311',?)
```

	Out(1)
1	29.02.2020

Abbildung 2.17: Ergebnis der Prozedur mit Datum 11.03.2020

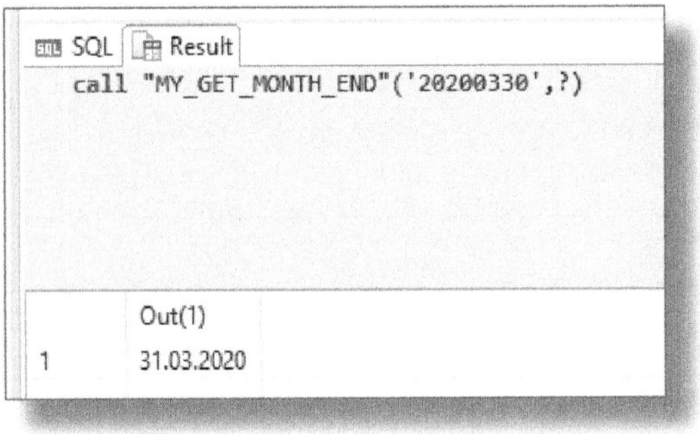

SQL | Result

```
call "MY_GET_MONTH_END"('20200330',?)
```

	Out(1)
1	31.03.2020

Abbildung 2.18: Ergebnis der Prozedur mit Datum 30.03.2020

Man kann deutlich erkennen, dass die Prozedur die dynamische Berechnung nach den festgelegten Grenzwerten liefert (Abbildung 2.17 sowie Abbildung 2.18).

Durch die Allgemeingültigkeit der Prozedur kann diese in allen HANA-Bereichen in SQL verwendet werden, ohne dass man sie immer wieder neu programmieren muss.

Funktion zur Ermittlung von Perioden/Monatszyklen

Ein weiteres Anwendungsbeispiel im Bereich SQLScript ist die Datumsfunktionalität. Die Funktion `TO_DATE()` von SAP HANA kann vielfältig genutzt werden.

Im folgenden Beispiel »MY_PERIODS_IN_BETWEEN« möchte ich aufzeigen, wie Sie automatisiert alle Zwischenwerte zwischen zwei Monatsbereichen mit SQLScript errechnen und als String ausgeben.

Im Code erkennen Sie die beiden Eingabeparameter `i_start_per` und `i_end_per` (z. B. 202001 bis 202011). Mithilfe der `MONTH_BETWEEN`-Funktion wird im Script ermittelt, wie viele Monate zwischen den beiden Eingabewerten liegen.

Anschließend wird mittels einer IF-THEN-Anfrage kontrolliert, ob das Script im ersten Intervall zu finden ist oder ob weitere Schleifendurchläufe vonnöten sind, um dann mit dem Wert des Monatsindex (`i_mon_idx`) und der `ADD_MONTH`-Funktion den Monat anzupassen.

SQLScript erlaubt es Ihnen, multiple Funktionen zu kombinieren (*Nested Function,* siehe Abschnitt 2.1.2). Im Coding (siehe Listing 2.12) nutzen Sie dies, um auf das jeweilige Startdatum den Offsetmonat zu addieren, gleichzeitig das Ganze in das gewünschte Format zu überführen und anschließend als String auszugeben.

Mit diesem Funktionstyp lassen sich Monate als Einzelwerte zwischen einem Start- und Zieldatum ermitteln – eine Anforderung, die besonders im SAP-Umfeld recht häufig vorkommt.

Durch die Eingabevariablen können das Startdatum und die Anzahl der Monate für die Berechnung angegeben werden (siehe Listing 2.12).

```
--Perioden/Monate zwischen von-bis Datum
CREATE FUNCTION "MY_PERIODS_IN_BETWEEN" (
                IN i_START_PER VARCHAR(10), IN i_END_PER
VARCHAR(10))
              RETURNS RESULT VARCHAR(255)
              LANGUAGE SQLSCRIPT
```

```
              SQL SECURITY INVOKER
               AS
BEGIN

              DECLARE v_temp VARCHAR(255); --je nach
Rückgabe!
              DECLARE v_val VARCHAR(10);
              DECLARE i_mon_idx INT;
              DECLARE iCount_Month INT := 0;

              iCount_Month := MONTHS_BETWEEN(TO_DATE(i_
START_PER,'YYYYMM'), TO_DATE(i_END_PER,'YYYYMM')); --Anzahl
der Perioden

              v_temp := '''';
              v_val := i_START_PER;

              FOR i_mon_idx IN 0..iCount_Month DO
                            IF :i_mon_idx = 0
                            THEN
                                          IF :i_mon_idx
= :iCount_Month
                                          THEN
                                                        v_
temp := ''''||:i_START_PER ||',';
                                          ELSE
                                                        v_
temp := :i_START_PER||',';
                                          END IF;
                            ELSEIF :i_mon_idx = iCount_
Month
                            THEN
                                          v_temp :=
:v_temp||:i_END_PER;
                            ELSE
                                          v_val :=
to_varchar(ADD_MONTHS(TO_DATE (i_START_PER,'YYYYMM'), i_mon_
idx),'YYYYMM') ;
                                          v_temp :=
:v_temp||:v_val||',';
```

```
                    END IF;
            END FOR;

            result := :v_temp;
END;
```

Listing 2.12: Beispiel zur Ausgabe von Einzelwerten aus einer Range

Die Testausgabe dieser Funktion gibt dann wie gewünscht den Zeitraum von–bis als Wertestring aus (siehe Abbildung 2.19).

```
select "MY_PERIODS_IN_BETWEEN"('202001','202010') from Dummy
```

SQL | Result

select "MY_PERIODS_IN_BETWEEN"('202001','202010') from Dummy

	MY_PERIODS_IN_BETWEEN('202001','202010')
1	'202001','202002','202003','202004','202005','202006','202007','202008','202009','202010'

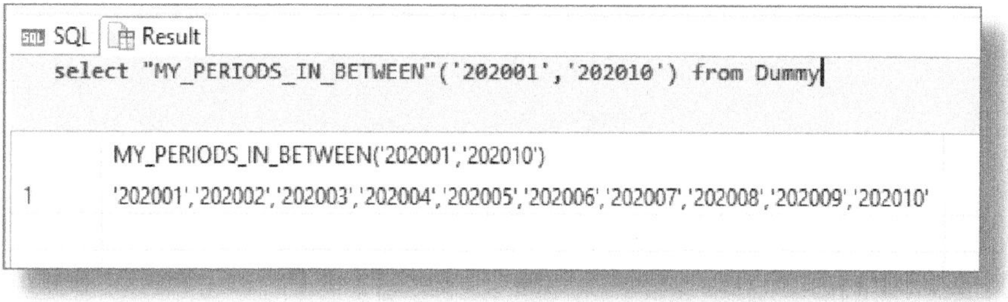

Abbildung 2.19: Ausgabe Ergebnis der Periodenfunktion

Ich werde auf die Nutzung solcher Funktionen noch einmal im Bereich der Input-Parameter eingehen (siehe Abschnitt 2.3.2).

2.3 HANA Calculation Views und Table Functions

Bisher haben Sie Funktionen und Prozeduren erstellt, um diese in SQL-Routinen zu verwenden. Im Folgenden möchte ich Ihnen aufzeigen, wie man diese Funktionalität zusätzlich in Verbindung mit Calculation Views einsetzen kann, um Tabellenfunktionen (Table Functions) für das Berichtswesen mit Prozeduren und Funktionen zu optimieren.

2.3.1 Grafische Calculation Views

Calculation Views sind durch Eclipse oder HANA Studio grafisch erstellte Views, die als Datenlieferant für SAP NetWeaver BW oder BW/4HANA dienen können (siehe Abbildung 2.20). Ich gehe in diesem Buch nicht auf die Erstellung von Calculation Views ein, sondern setze das Wissen als bekannt voraus.

Calculation Views und Tabellenfunktionen Hand in Hand

Sie können Calculation Views durch SQLScript-Funktionalität im Rahmen von Table Functions wirksam erweitern und nicht vorhandene SAP-Funktionalität durch Ihre Funktionen anpassen bzw. ergänzen.

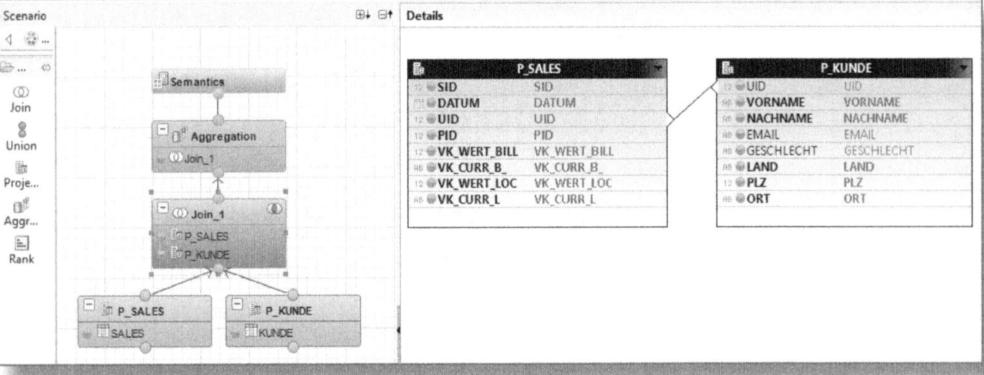

Abbildung 2.20: Beispiel einer Calculation View

Mithilfe von Calculation Views lassen sich alle Infoprovider – advanced DSO (aDSO), Stammdaten wie auch Tabellen – in SAP lesen. Außerdem sind Calculation Views im Bereich S/4HANA für das Reporting einsetzbar. Sie können dort dazu dienen, Daten im Business Warehouse ohne Persistieren, also erneutes Speichern, aufzubereiten und dem Reporting zur Verfügung zu stellen.

Mit grafischen Calculation Views sollten die meisten Anforderungen, etwa für das Berichtswesen, lösbar sein. Sie sollten stets Ihre erste Wahl vor manueller Programmierung durch Table Functions sein, da der *DB Optimizer* dadurch besser arbeiten kann.

Leider haben die grafischen Komponenten trotz ihrer Vielfalt einige Nachteile. So können beispielsweise unter HANA 1.0 in JOIN-Beziehungen keinerlei Filter direkt angegeben oder Abhängigkeiten definiert werden. Hier können Ihnen die Table Functions helfen, die wir in Abschnitt 2.3.3 betrachten werden.

2.3.2 Input-Parameter Calculation Views

Um im Reporting eine optimale Performance zu gewährleisten, sollten diese Views mit passenden Input-Parametern versehen werden So ermöglichen Sie die Filterung der Daten für ein bestimmtes Datum innerhalb der DB-Abfrage. Die Datenmenge sollte möglichst klein sein, indem Filter oder Variablen an die SQL-Abfrage übergeben werden.

Die exemplarisch in Abbildung 2.22 gezeigte Calculation View liefert, basierend auf der Systemview M_CS_TABLES, alle Column-Store-Tabellen aus Ihrem System zurück. Wenn Sie bereits von Anfang an einen Filter auf Basis eines Eingabeparameters definieren, kann die Ausführung durch die DB viel effizienter erfolgen.

Als Erstes definieren Sie einen Input-Parameter (siehe Abbildung 2.21), z. B. mit einem Fixwert wie dem Tabellennamen = TCURR.

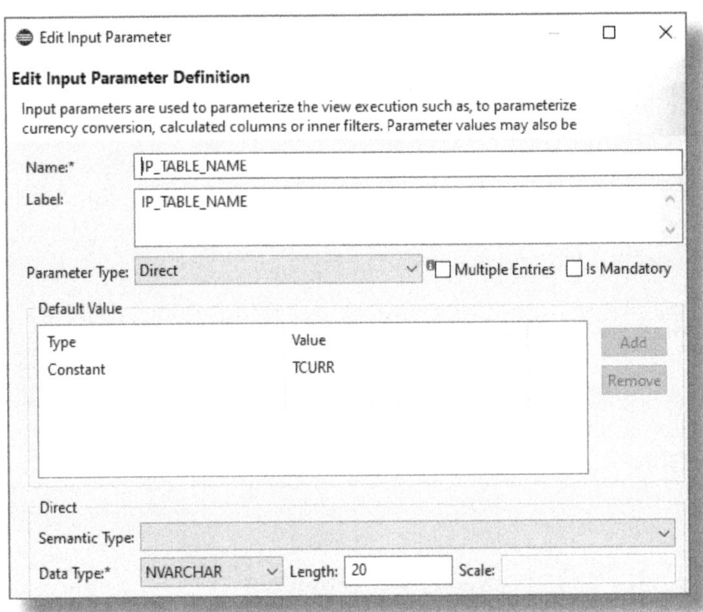

Abbildung 2.21: Input-Parameter für SQLScript-Filterung

Im zweiten Schritt können Sie in der Expression mit SQLScript diesen Parameter einer Tabellenspalte als Filter zuordnen (siehe Abbildung 2.22).

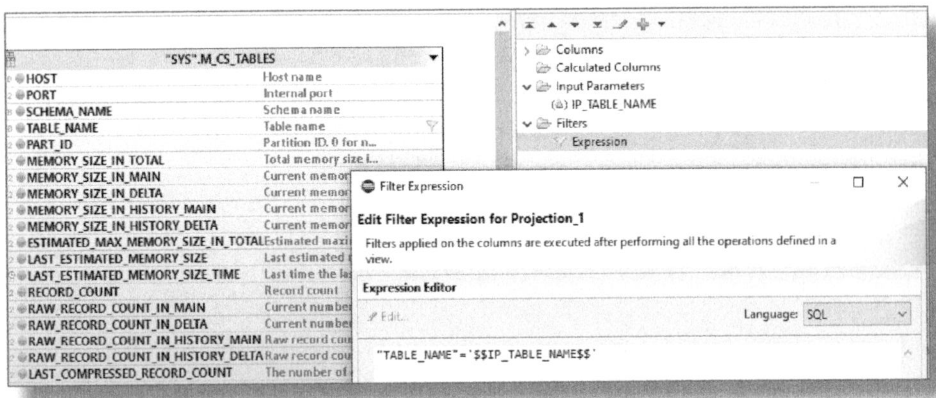

Abbildung 2.22: SQLScript – Expression als Filter

Im Beispiel würde nun bei jeder Datenabfrage der unterliegenden Tabelle die passende Abfrage nach dem Tabellennamen eingeblendet werden. Der Name der Tabelle ist dann editierbar und führt bei der Ausführung dazu, dass nur **eine** Tabelle statt alle Tabellen der DB zurückgeliefert wird, was einen positiven Effekt auf die Performance hat.

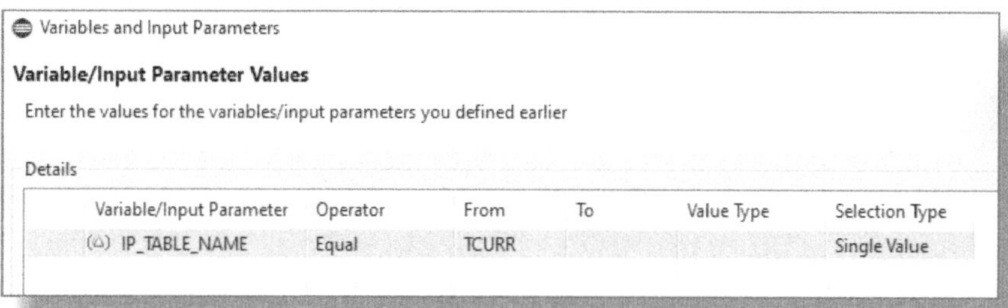

Abbildung 2.23: Eingabe-Dialog für Input-Filter

Der Input-Parameter (Filter) wird in SQL mit folgender Notation übergeben: `'$$INPUT_PARAMETER$$'`.

In den Calculation View Expressions (dynamische Filtermöglichkeiten via SQL) können Sie jegliche SAP-SQLScript-Funktion nutzen, jedoch keine eigene definierte Funktionalität. Wie in Abbildung 2.21 zu erkennen, können hier einzelne und multiple Parameterwerte (Filter) übergeben werden. Das ist allerdings nur bei grafischen Calculation Views umsetzbar und nicht bei Scripted Calculation Views oder Table Functions. Diese Einschränkung lässt sich allerdings teilweise umgehen, was wir in Abschnitt 2.3.4. betrachten werden.

Scripted Calculation Views

Ich möchte hier noch einmal darauf hinweisen, dass Sie keine Scripted Calculation Views mehr einsetzen sollten. Diese werden zukünftig von Tabellenfunktionen (Table Functions) abgelöst.

Mit den Table Functions steht Ihnen die volle Bandbreite von SQLScript zur Verfügung.

Input-Parameter mit skalaren Funktionen (Scalar Functions)

Im realen Leben werden nicht nur statische Filter verwendet. Je nach Anforderung ist es möglich, dass man das Ergebnis mittels Input-Parametern dynamisch begrenzen muss.

Im folgenden Beispiel werden wir Daten, nämlich die Anzahl von BW-Daten-Requests, mittels einer *Scalar Function* auf einen Monatsbereich eingrenzen.

In Abschnitt 2.1.5 haben Sie bereits Scalar Functions kennengelernt. Wenn Sie das Beispiel der Ermittlung von Perioden/Monatszyklen als Funktion verwenden möchten, können Sie diese anschließend, sofern sie als Scalar Function angelegt wurde, direkt im grafischen Calculation View einsetzen. Wieder zeigt sich: Wenn SQLScript modular angelegt wird, ist es in vielen Bereichen verwendbar.

So sehen Sie in Abbildung 2.24 als Input-Parameter anstelle eines fixen Filters die erzeugte Scalar Function.

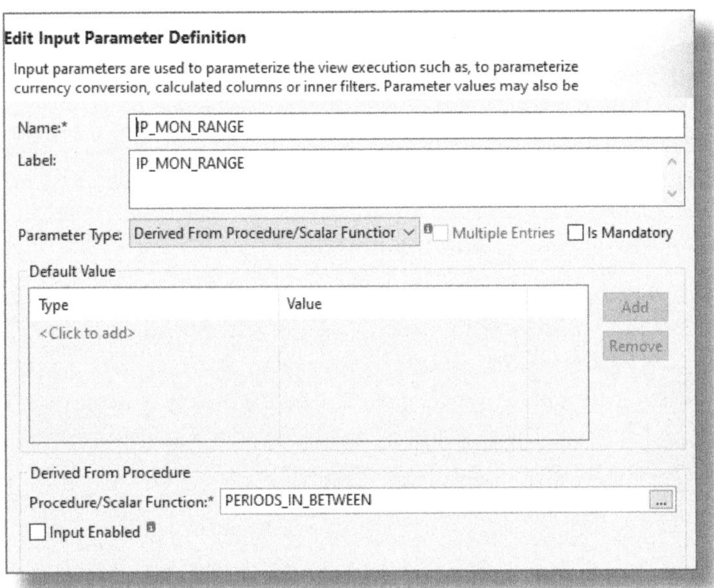

Abbildung 2.24: Input-Parameter mit Scalar Function

Wenn Sie zusätzlich die Scalar Function mit den Eingabewerten versorgen, ist ein optimaler Zugriff auf die Daten in HANA gewährleistet. Dies können Sie in der Calculation View durch das Anlegen von zwei Input-Parametern erreichen, die auf die Eingabeparameter der Funktion gemappt werden (siehe Abbildung 2.25). Auf die Mapping-Funktion gehe ich jedoch nicht im Detail ein.

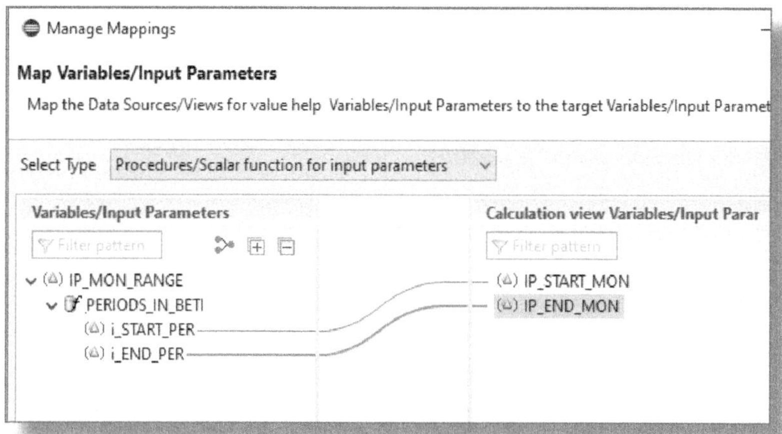

Abbildung 2.25: Mapping Input-Parameter auf Scalar Function

Wenn nun im SAP-BW-Reporting eine Abfrage über eine Monatsrange an die Daten erfolgt, dann werden die Start- und Endparameter an die Scalar Function übergeben. Diese ermittelt anschließend den Range der Einzelmonate und übergibt das Ergebnis als Filter an die Datenbank.

Im SQLScript-Code können Sie Input-Parameter in Form von Platzhaltern verwenden, um die Datenmenge parametrisiert einzuschränken:

```
select * from TEST_DATEN (PLACEHOLDER."$$DATUM_VON$$" => :
i_START_PER);
```

2.3.3 Table Functions mit SQLScript

Damit Sie den vollen Umfang von SQLScript nutzen können, um beispielsweise ein komplexes Reporting zur Verfügung zu stellen, heben Sie durch Table Functions alle Einschränkungen der Calculation Views auf.

Table Functions können alle Anforderungen lösen, jedoch sollten sie, basierend auf den Funktionen und Prozeduren, lesbar gehalten werden. Sie lassen sich wiederum in grafische Calculation Views integrieren und stehen damit indirekt als Quelle für Datenbeladungen in BW oder im Reporting zur Verfügung.

Deklaration von Table Functions

SQLScript Table Functions bestehen aus dem Kopf, der definiert, in welchem Schema und Paket die Funktion erzeugt werden soll, dem Namen der Funktion sowie den Input-Parametern. Im Gegensatz zur klassischen User Defined Function (UDF) werden nicht die Ausgabeparameter angegeben, sondern mittels der Deklaration `RETURNS TABLE()` die Tabellenstruktur für die Ausgabe der in der Funktion ermittelten Tabellenwerte bestimmt.

Im nächsten Teil, der standardmäßig deklariert werden sollte, definieren wir die Sprache (in diesem Fall SQLScript), mit welcher Berechtigung – Developer oder Invoker (also Entwickler) oder der zum Zeitpunkt der Ausführung gültige Anwender – die Prozedur ausgeführt wird, sowie das Default-Schema.

Default-Schema Table Functions

Um im Fehlerfall optimal debuggen zu können, sollten Sie in Prozeduren immer ein Default-Schema angeben, am besten Ihr Kundenschema.

Im weiteren Verlauf muss mit dem Code `READS SQL DATA AS` angegeben werden, dass die Prozedur nur einen lesenden Zugriff innerhalb der DB haben darf. Die Möglichkeit, mit AS einen schreibenden Zugriff zu gewähren, ist bei Tabellenfunktionen nicht möglich, da die Funktion intern ausschließlich lesend arbeitet.

Mit der Zeile BEGIN startet das von Ihnen manuell erstellte Coding (Aufruf von Funktionen, SELECT-Statements etc.). Mit »END« wird die Prozedur beendet. Listing 2.13 zeigt hierfür ein Beispiel.

```
FUNCTION "MEIN_SCHEMA"."MEIN_PAKET"."MEIN_TABLE_FUNCTION_
NAME"
(
in i_MEIN_PARAM1 NVARCHAR(3)
out o_MEIN_PARAM2 NVARCHAR(3)
) RETURNS TABLE (FELD1 INT, FELD2 INT) --Ihre Tabelle

LANGUAGE SQLSCRIPT SQL
SECURITY INVOKER --wird mit der Berechtigung des Ausführenden
aufgerufen

DEFAULT SCHEMA "MEIN_SCHEMA"
   READS SQL DATA AS
BEGIN
--Ab hier kommt Ihr Coding für die Funktionalität

END;
```

Listing 2.13: Prozedur-Rumpfprogramm

Anlegen von Table Functions

Zum Anlegen von Table Functions wechseln Sie bitte, sollten Sie in der HANA-Modeler-Perspektive sein, über das Menü-Icon in die Perspektive SAP HANA Development. Nur hier können Sie Table Functions auf Ihrem Entwicklungspaket anlegen.

Im zweiten Schritt klicken Sie auf Ihr Paket, dann auf NEU und selektieren die TABLE FUNCTION, wie in Abbildung 2.26 dargestellt.

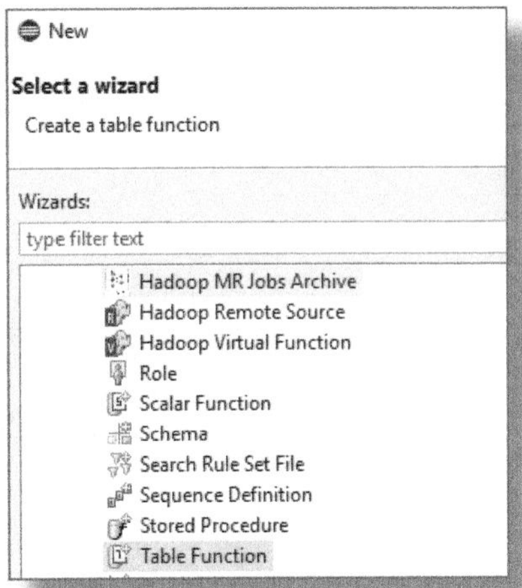

Abbildung 2.26: Anlegen von Table Functions

Nachdem Sie den Namen der Table Function vergeben haben, können Sie Ihre Funktionalität mittels SQLScript einfügen.

Im folgenden Beispiel werden Sie eine komplexe Table Function nutzen, um ABAP-Coding in SAP-BW-Transformationen zu suchen bzw. zu analysieren (siehe Listing 2.14). Neben der Deklaration der Eingabeparameter werden hierbei die Ausgabeparameter als Tabelle definiert. Im Gegensatz zu Scalar Functions können zusätzlich tabellarische Ergebnisse zurückgeliefert werden.

```
--Analyse von ABAP-Code in SAP-BW-Transformationen mit Table
Function MY_TABLE_FUNCTION
FUNCTION "MEIN_SCHEMA"."MEIN_PAKET::MY_TABLE_FUNCTION" (
IN LV_IOBJ NVARCHAR (72), --gesuchtes Objekt, z. B. DSO Name
IN LV_TRFN NVARCHAR (32),  --gesuchte Transformation
IN LV_IN_TRFN NVARCHAR (1)) --Soll nur in TRFN gesucht werden
--Deklaration der Rückgabetabelle
RETURNS TABLE (
"TRANID" NVARCHAR (32),
 "STARTROUTINE" NVARCHAR (25),
 "ENDROUTINE" NVARCHAR (25),
 "EXPERT" NVARCHAR (25),
 "CODEID" NVARCHAR (25),
```

```
 "LINE" NVARCHAR (72),
 "LINE_NO" NVARCHAR (6),
 "COUNTER" BIGINT
 )

LANGUAGE SQLSCRIPT
SQL SECURITY INVOKER
DEFAULT SCHEMA LHT_OBJECTS AS

 BEGIN

/*****************************
   Lesen des TRFN-Quellcode aus Tabelle RSAABAP
 *****************************/
--Wildcard für LIKE-Vergleich unten im Code
LV_IOBJ := '%' ||LV_IOBJ|| '%';

--Abfrage, ob Transformation oder Objekt
if LV_IN_TRFN = 'X' THEN

return --Rückgabe der Werte in Tabellenform

     select
        TRFN."TRANID"         as "TRANID",
        TRFN."STARTROUTINE"   as "STARTROUTINE",
        TRFN."ENDROUTINE"     as "ENDROUTINE",
        TRFN."EXPERT"         as "EXPERT",
        CODE."CODEID"         as "CODEID",
        CODE."LINE"           as "LINE",
        CODE."LINE_NO"        as "LINE_NO",
        TRFN."VERSION_CUR"    as "COUNTER"

    from "RSTRAN" as "TRFN"
--Tabelle aller Transformationen
      INNER JOIN  "RSAABAP"  as "CODE"
--Tabelle ABAP-Code
        on
            CODE."CODEID" = TRFN."STARTROUTINE" or
            CODE."CODEID" = TRFN."ENDROUTINE" or
            CODE."CODEID" = TRFN."EXPERT"
```

```
        WHERE TRFN."OBJVERS"  = 'A'
              and CODE."LINE" like LV_IOBJ
              and TRFN."TRANID" like LV_TRFN;

else

return
     select
        TRFN."TRANID"        as "TRANID",
        TRFN."STARTROUTINE" as "STARTROUTINE",
        TRFN."ENDROUTINE"   as "ENDROUTINE" ,
        TRFN."EXPERT"        as "EXPERT",
        CODE."CODEID"        as "CODEID",
        CODE."LINE"          as "LINE",
        CODE."LINE_NO"       as "LINE_NO",
        TRFN."VERSION_CUR"  as "COUNTER"

    from  "RSAABAP" as "CODE"
      LEFT OUTER JOIN "RSTRAN" as "TRFN"
        on
            CODE."CODEID" = TRFN."STARTROUTINE" or
            CODE."CODEID" = TRFN."ENDROUTINE"  or
            CODE."CODEID" = TRFN."EXPERT"

        WHERE  CODE."OBJVERS"  = 'A'
              and CODE."LINE" like LV_IOBJ  ;

 end if;
 END;
```

Listing 2.14: Beispiel zur Analyse von SAP-BW-Transformationen

An diesem Beispiel ist gut erkennbar, wie Sie SQLScript innerhalb von SAP BW nutzen können, um Daten für Analysen zur Verfügung zu stellen.

Table Functions in Calculation Views

Wie in Abbildung 2.27 gezeigt, sind SQLScript Table Functions direkt in Calculation Views nutzbar; sie lassen sich wie eine physische Tabelle einsetzen.

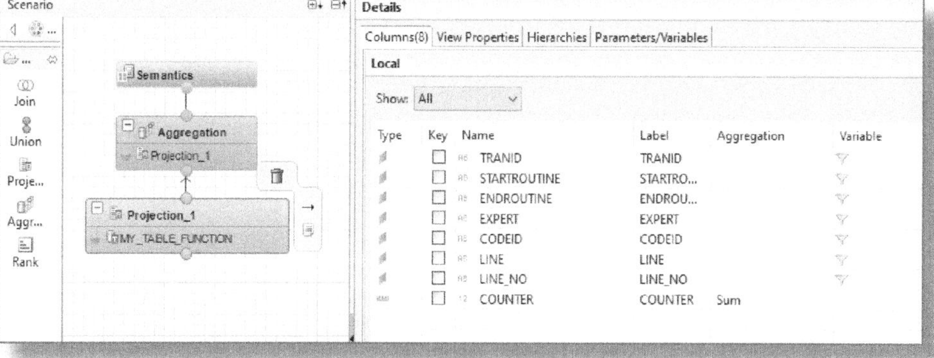

Abbildung 2.27: Calculation View mit interner Table Function

Bei der Testausgabe der Daten in Eclipse kann man erkennen, ob sich der ABAP-Code in einer Transformation in den Start-, End- oder Expertenroutinen befindet.

Das Beispiel in Abbildung 2.27 dient dazu, in SAP BW schnell festzustellen, wo bestimmte Tabellen oder Funktionsaufrufe in Transformationen referenziert werden. Wenn Sie wissen möchten, in welchen Transformationen ein ABAP Function Call oder der Aufruf einer bestimmten Methode referenziert ist, können Sie nun mithilfe der SQLScript Table Function elegant danach suchen.

Abbildung 2.28 zeigt das Ergebnis der Suche über den Input-Parameter `LV_OBJ = 'CALL'`.

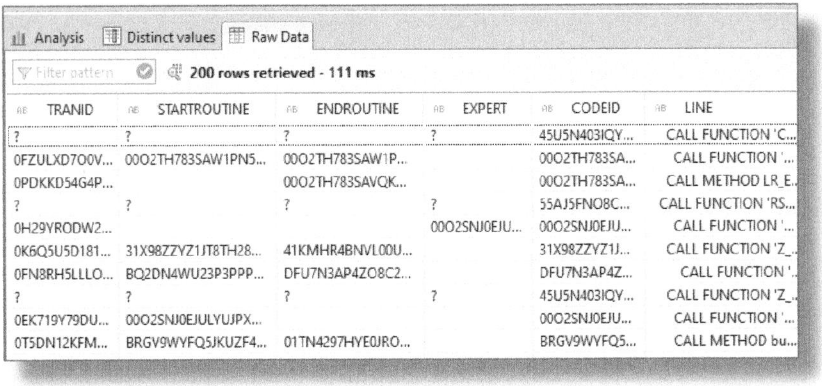

Analysis | Distinct values | Raw Data

Filter pattern — 200 rows retrieved - 111 ms

TRANID	STARTROUTINE	ENDROUTINE	EXPERT	CODEID	LINE
?	?	?	?	45U5N403IQY...	CALL FUNCTION 'C...
0FZULXD7O0V...	00O2TH783SAW1PN5...	00O2TH783SAW1P...		00O2TH783SA...	CALL FUNCTION '...
0PDKKD54G4P...		00O2TH783SAVQK...		00O2TH783SA...	CALL METHOD LR_E..
?	?	?	?	55AJ5FNO8C...	CALL FUNCTION 'RS...
0H29YRODW2...			00O2SNJ0EJU...	00O2SNJ0EJU...	CALL FUNCTION '...
0K6Q5U5D181...	31X98ZZYZ1JT8TH28...	41KMHR4BNVL00U...		31X98ZZYZ1J...	CALL FUNCTION 'Z_..
0FN8RH5LLLO...	BQ2DN4WU23P3PPP...	DFU7N3AP4ZO8C2...		DFU7N3AP4Z...	CALL FUNCTION '..
?	?	?	?	45U5N403IQY...	CALL FUNCTION 'Z_..
0EK719Y79DU...	00O2SNJ0EJULYUJPX...			00O2SNJ0EJU...	CALL FUNCTION '...
0T5DN12KFM...	BRGV9WYFQ5JKUZF4...	01TN4297HYE0JRO...		BRGV9WYFQ5...	CALL METHOD bu...

Abbildung 2.28: Ergebnis der Table Functions

Wie Sie in der Ausgabetabellenspalte LINE erkennen, hat die Tabellenfunktion multiple Vorkommen entdeckt. Mittels der Spalte TRANID und der darin enthaltenen Transformationsnummer können Sie sich nun die Transformation in der SAP GUI (BW < 7.5) oder mit Eclipse/ HANA Studio (BW/4HANA) anzeigen lassen.

2.3.4 Multiple Input-Parameter in Table Functions

Wenn in den Table Functions multiple Parameterwerte genutzt werden sollen, entsteht ein globales Problem, da Table Functions nur skalare Eingabeparameter unterstützen, also keine multiplen Filterwerte in Form einer Tabelle.

Nun haben Sie im Bereich FUNKTIONEN die Funktion MY_PERIODS_ IN_BETWEEN angelegt, die aus einem Monatsrange einen String mit den Einzelmonaten erstellt. Da, wie bereits angesprochen, SQLScript modular aufgebaut sein sollte, werden Sie Ihre Funktion einfach mithilfe einer zweiten in eine Tabelle umwandeln. Diese Tabelle können Sie anschließend intern in der Table Function mit SQL für den IN()-Befehl als Filtertabelle verwenden.

Besonders wichtig bei allen Funktionen ist, dass die maximale Anzahl von Tabelleneinzelwerten auf die maximale Länge des Datentyps

NVARCHAR mit 5000 Byte begrenzt ist. Sollten Sie eine größere Breite des Strings benötigen, müssen Sie eine zweite oder n-te Variable als Eingangsparameter definieren. Hierzu sehen Sie in Listing 2.15 eine Beispielfunktion.

```
--MULTIPLE_VAR_INLIST
CREATE FUNCTION "MULTIPLE_VAR_INLIST"(str_input
nvarchar(5000),
delimiter nvarchar(10))
RETURNS table ( VAR_LIST NVARCHAR(10) )

LANGUAGE SQLSCRIPT SQL SECURITY INVOKER AS
/********* Begin Function Script ************/
--baut auf Input String mit Seperator eine Rückgabe-Tabelle
für Prozeduren, Table Functions etc.
BEGIN
    DECLARE cnt int;
    DECLARE temp_input nvarchar(128);
    DECLARE slice NVARCHAR(10) ARRAY;

    temp_input = :str_input;
    cnt = 1;
--läuft über den String, bis der letzte Wert in Tabelle
aufgelöst ist
    WHILE length(temp_input) > 0 DO
        if instr(temp_input, delimiter) > 0 then
            slice[:cnt] = substr_before(temp_
input,delimiter);
            temp_input = substr_after(temp_input,delimiter);
            cnt = :cnt + 1;
        else
            slice[:cnt] = temp_input;
            break;
        end if;
    END WHILE;
    tab2 = UNNEST(:slice) AS (VAR_LIST);
    return select VAR_LIST from :tab2;
END;
```

Listing 2.15: Beispiel für multiple Parameterwerte

Diese Funktion liefert aus dem String mit einem Separator, z. B. Komma, die gewünschte interne Tabelle aus.

Aus der Abfrage mittels einer Parameterliste in der Form `'1,2,3,4,5,6'` würde die Funktion MULTIPLE_VAR_INLIST als Rückgabe das Ergebnis in Tabellenform der aufrufenden Funktion/Prozedur liefern.

Auch hierzu folgt ein kleines Beispiel, das die obige Funktionalität in Verbindung mit einer Table Function darstellt (siehe Listing 2.16). Mit der Übergabe von multiplen Kundennummern (UID) können so elegant verschiedene Werte übermittelt und in SAP HANA ausgewählt werden.

```
--Table Function für multiple Werte aus SALES-Daten
FUNCTION " MY_TABLE_FUNCTION" (
IN IP_MEIN_KUNDE nvarchar(5000)
)

RETURNS TABLE (
SID INTEGER,
KUNDE INTEGER,
PID INTEGER,
VK_WERT_BILL DECIMAL(15,2)
)

LANGUAGE SQLSCRIPT
SQL SECURITY INVOKER
DEFAULT SCHEMA MY_SCHEMA
AS


BEGIN

declare vfilt_Kunde nvarchar (5000); --Deklaration
Hilfsvariable

 vfilt_Kunde:=  replace(:IP_MEIN_KUNDE , char(39), '') ;

return
```

```
    select
            "SID",
            "UID" as "KUND",
            "PID",
            "VK_WERT_BILL"

    from  "SALES"
     where "UID" in(select "VAR_LIST" from "MULTIPLE_VAR_
INLIST"(:vfilt_Kunde,','));

END;
```

Listing 2.16: Multiple Filterwerte aus der Tabelle SALES

Nachdem Sie diese Table Function aktiviert haben, können Sie sie zum Testen direkt in einer Calculation View nutzen. Dazu legen Sie eine grafische Calcuation View an und fügen die gerade erstellte Table Function in die Perspektive ein.

Im nächsten Schritt muss der Eingabeparameter Ihrer Table Function und der unterliegenden SQLScript-Funktionalität mit einem Input-Parameter der Calculation View verbunden werden (siehe Abbildung 2.29).

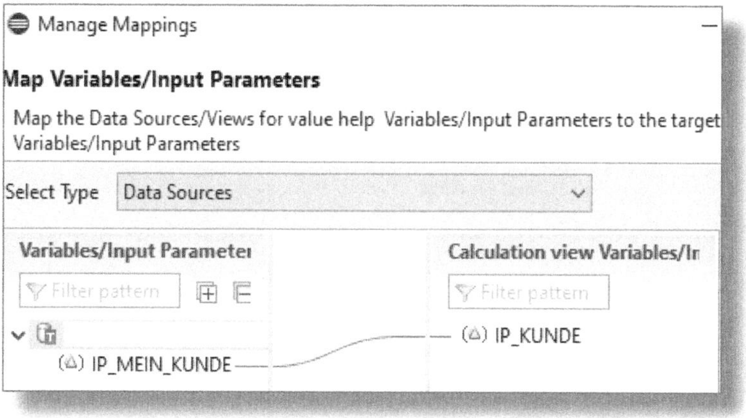

Abbildung 2.29: Verbindung Input-Parameter mit Table Function

Zum Testen greifen Sie auf Ihre Salesdaten zu.

Im ersten Fall übergeben Sie einen Einzelwert als Parameter (siehe Abbildung 2.30).

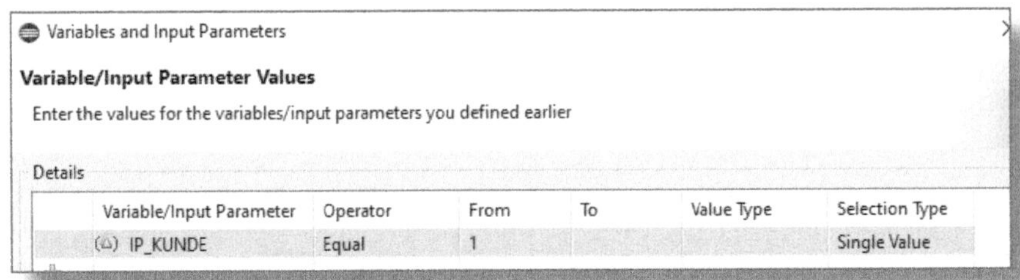

Variables and Input Parameters

Variable/Input Parameter Values

Enter the values for the variables/input parameters you defined earlier

Details

Variable/Input Parameter	Operator	From	To	Value Type	Selection Type
IP_KUNDE	Equal	1			Single Value

Abbildung 2.30: Übergabe Einzelwert an Table Function

Im Ergebnis ist erkennbar, dass nur der Kunde mit der Kundennummer UID = 1 angezeigt wird (siehe Abbildung 2.31).

Analysis | Distinct values | Raw Data

Filter pattern — **200 rows retrieved - 83 ms**

SID	KUNDE	PID	VK_WERT_BILL
1.289	1	23	2.303,06
1.510	1	56	585,71
644	1	74	1.563,94
1.807	1	80	2.850,66

Abbildung 2.31: Anzeige Einzelwert Kunde

Wenn Sie im zweiten Fall stattdessen multiple Werte durch Kommas separiert übergeben, kann dies direkt als String (wie das Beispiel 1,2,3,4,5 in Abbildung 2.32) erfolgen.

Variables and Input Parameters

Variable/Input Parameter Values

Enter the values for the variables/input parameters you defined earlier

Details

Variable/Input Parameter	Operator	From	To	Value Type	Selection Type
IP_KUNDE	Equal	1,2,3,4,5			Single Value

Abbildung 2.32: Übergabe multiple Werte an Table Function

Daraufhin liefert die Funktion in SAP HANA wie erwartet die verschiedenen Kunden mit den selektierten UID zurück (siehe Abbildung 2.33).

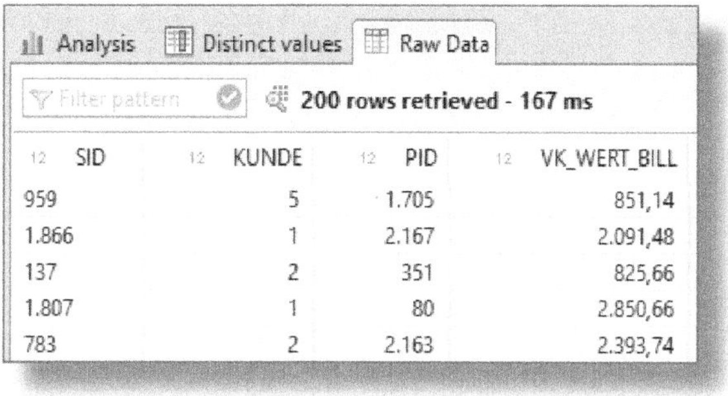

Analysis | Distinct values | Raw Data

Filter pattern | 200 rows retrieved - 167 ms

SID	KUNDE	PID	VK_WERT_BILL
959	5	1.705	851,14
1.866	1	2.167	2.091,48
137	2	351	825,66
1.807	1	80	2.850,66
783	2	2.163	2.393,74

Abbildung 2.33: Anzeige multiple Werte Kunde

Mithilfe von SQLScript sind so die Beschränkungen multipler Variablenwerte/Filter im Bereich der Calculation Views sehr einfach zu umgehen.

2.4 Core Data Services in HANA und ABAP

CDS-Views gewinnen innerhalb von SAP-Entwicklungen zunehmend an Bedeutung. Besonders in S/4HANA kann ein großer Teil der Entwicklung anhand von CDS-Views und SQLScript abgedeckt werden: Dies reicht von der Generierung einfacher Tabellen-Views über virtuelle Objekte wie Composite Provider bis zum fertigen Endanwender-Bericht.

Wie schon das SQL beinhalten auch CDS die nachfolgenden Komponenten:

- Data Definition Language (DDL)
- Query language (QL)
- Data Manipulation Language (DML)
- Data control language (DCL)

2.4.1 Grundlagen der CDS-Views

Wie für SQLScript gilt auch für Core Data Services: Die Funktionalität sollte modular aufgebaut sein – nicht als ein »Endlos-Script«, sondern in Form von aufeinander aufbauenden CDS-Views.

Annotationen für CDS

Eigentlich wurde die CDS-Funktionalität erstellt, um eine Verbindung zwischen ABAP- und HANA-Entwicklung herzustellen. Über *CDS-Annotationen* können Sie im Kopf oder auch an jeder beliebigen Stelle im Code Meta-Informationen zum Typ oder Verhalten eines CDS-Objekts angeben. Annotationen im ABAP-CDS-Bereich beginnen immer mit einem @-Zeichen und erweitern die Views um zusätzliche Metadaten.

Über die Annotation `@Analytics.dataCategory:#CUBE` können Sie bei der Erstellung angeben, ob den Views eine `#DIMENSION`-View, eine reine DB View für Stammdaten, eine View vom Typ `#FACT` für Bewegungsdaten oder sogar vom Typ `#CUBE`, auf der also Queries basieren können, angehängt werden sollen. CDS-Views des letztgenannten Typs können z. B. mit der SAP-Transaktion *RSRT* direkt aufgerufen oder in Analysis for Office (in Microsoft Excel) konsumiert werden.

Mithilfe von Annotationen wie in Listing 2.17 legen Sie direkt über den eigentlichen Code den Namen einer View fest (`sqlViewname`) und definieren die beschreibende Anwenderbezeichnung (`EndUserText.label`).

```
@AbapCatalog.sqlViewName: 'ZMY_CDS_VIEW'
@AbapCatalog.compiler.compareFilter:true
@Analytics.dataCategory:#CUBE
@AbapCatalog.preserveKey:true
@AccessControl.authorizationCheck:false
@EndUserText.label:'Test für HANA CDS-View'
```

Listing 2.17: Annotationen im Kopf einer CDS-View

Wenn Annotationen im Kopfbereich (Header-Annotation) stehen, gelten sie global. Stehen sie direkt oberhalb einer Codezeile (Field-Annotation), so gelten sie nur für die auf die Annotation folgende Codezeile.

Eine schnelle Übersicht über alle Annotationen der Datenbank erhalten Sie mit folgendem Kommando in der ABAP-SQL-Konsole:

```
SELECT * FROM ABDOC_CDS_ANNOS where SPRAS = 'E'
```

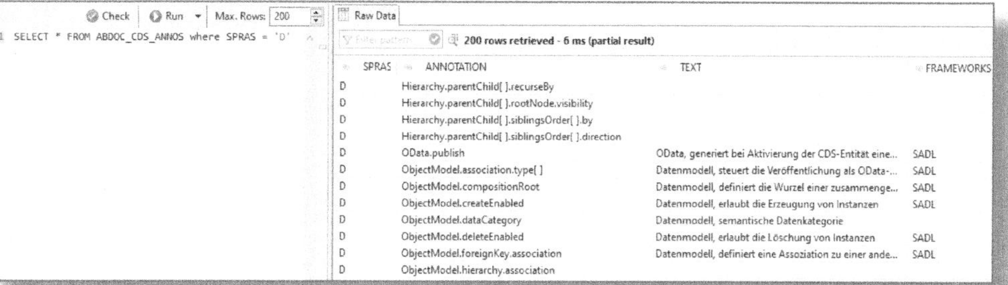

SPRAS	ANNOTATION	TEXT	FRAMEWORKS
D	Hierarchy.parentChild[ ].recurseBy		
D	Hierarchy.parentChild[ ].rootNode.visibility		
D	Hierarchy.parentChild[ ].siblingsOrder[ ].by		
D	Hierarchy.parentChild[ ].siblingsOrder[ ].direction		
D	OData.publish	OData, generiert bei Aktivierung der CDS-Entität eine...	SADL
D	ObjectModel.association.type[ ]	Datenmodell, steuert die Veröffentlichung als OData-...	SADL
D	ObjectModel.compositionRoot	Datenmodell, definiert die Wurzel einer zusammenge...	SADL
D	ObjectModel.createEnabled	Datenmodell, erlaubt die Erzeugung von Instanzen	SADL
D	ObjectModel.dataCategory	Datenmodell, semantische Datenkategorie	
D	ObjectModel.deleteEnabled	Datenmodell, erlaubt die Löschung von Instanzen	SADL
D	ObjectModel.foreignKey.association	Datenmodell, definiert eine Assoziation zu einer ande...	SADL
D	ObjectModel.hierarchy.association		

Abbildung 2.34: Ausgabe der Annotationen mit ABAP-SQL-Konsole

Wie Sie am Code erkennen, ist für Annotationen auch die Schreibweise mit geschweiften Klammern möglich.

Mit Annotationen können Sie eine CDS-View als Basis Data Dictionary View, Query oder Datasource für BW/4HANA definieren.

In Listing 2.18 wird beispielhaft der Datentyp FACT definiert, der Extraktionen erlaubt und die Deltafähigkeit über das Feld bzw. die Spalte `lastChangedAt` festlegt. Das Deltaverhalten wird bereits im Kopf einer CDS-Funktion mitgeteilt.

```
@Analytics: {dataCategory: #FACT,dataExtraction.enabled:
true}
@Analytics.dataExtraction.delta.byElement.name:
'lastChangedAt'
@Analytics.dataExtraction.delta.byElement.maxDelayInSeconds:
100
@Analytics.dataExtraction.delta.byElement.
detectDeletedRecords: true
```

Listing 2.18: Annotationen für Deltafähigkeit in CDS-Views

Eine Übersicht aller SAP-Annotationen finden Sie auf der SAP-Hilfeseite:

https://help.sap.com/viewer/cc0c305d2fab47bd808adcad3ca7ee9d/7.5.9/en-US/630ce9b386b84e80bfade96779fbaeec.html

Anlegen von CDS-Views

CDS-Views werden in der ABAP-Perspektive angelegt.

Sie werden als Erstes eine reine CDS-View anlegen, die sowohl in ABAP als auch in HANA sichtbar wird, um so als Bindeglied zwischen den Welten zu fungieren.

Wie in ABAP erfolgt die Implementierung entweder auf einem Transportpaket, auf dessen Definition hier nicht eingegangen wird, oder als temporäres Objekt, was zum Testen geeignet ist. Hierzu wählen Sie mittels Rechtsklick unter CORE DATA SERVICES das Symbol DATA DEFINITION aus (siehe Abbildung 2.35).

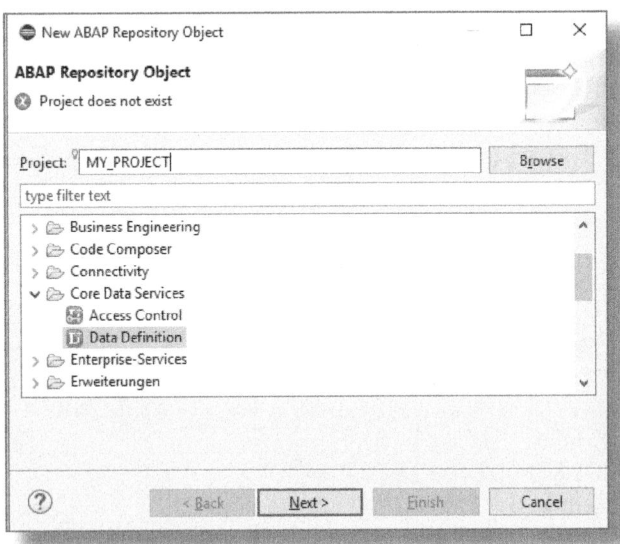

Abbildung 2.35: Anlegen einer CDS-View

Im nächsten Schritt vergeben Sie einen technischen Namen sowie eine Beschreibung Ihrer View. Danach werden Ihnen vom Wizard verschiedene Templates angeboten (siehe Abbildung 2.36).

CDS Templates

Die hier angebotenen Templates sind nur Vorlagen. Sie können Ihre erste Entscheidung jederzeit durch Modifikation in Ihrem Coding zu Joins in CDS oder bei jeder Art von Funktionalität erweitern.

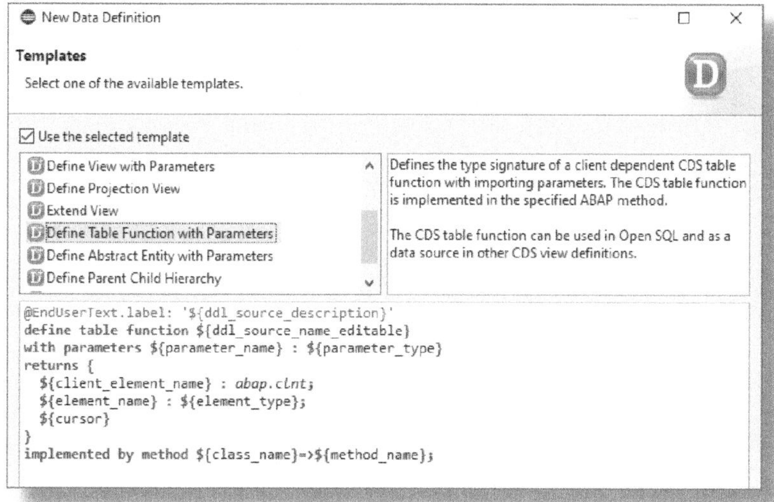

Abbildung 2.36: Auswahl des CDS Wizard Template

Im Weiteren verwende ich die Vorlage Define View, die ich im Bereich der Annotation anschließend zum Typ »Cube« erweitert habe.

Im Kopfbereich der Beispiel-View erkennen Sie, dass ich bereits einige Annotationen eingefügt habe (siehe Abbildung 2.37). Dieses Demobeispiel liefert eine Übersicht an aktiven Infocubes, sofern Sie das Coding auf einem BW-System implementieren.

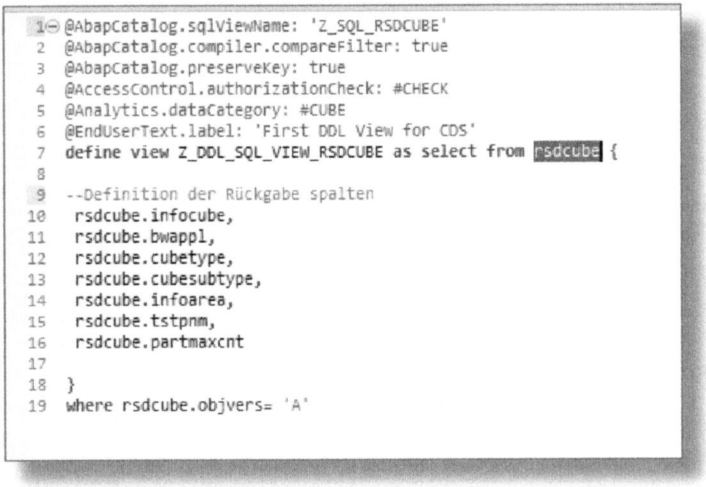

```
@AbapCatalog.sqlViewName: 'Z_SQL_RSDCUBE'
@AbapCatalog.compiler.compareFilter: true
@AbapCatalog.preserveKey: true
@AccessControl.authorizationCheck: #CHECK
@Analytics.dataCategory: #CUBE
@EndUserText.label: 'First DDL View for CDS'
define view Z_DDL_SQL_VIEW_RSDCUBE as select from rsdcube {

--Definition der Rückgabe spalten
 rsdcube.infocube,
 rsdcube.bwappl,
 rsdcube.cubetype,
 rsdcube.cubesubtype,
 rsdcube.infoarea,
 rsdcube.tstpnm,
 rsdcube.partmaxcnt

}
where rsdcube.objvers= 'A'
```

Abbildung 2.37: CDS-Beispiel mit Daten aus der Tabelle RSDCUBE

Nach dem Aktivieren finden Sie die gerade erstellte View nicht nur im Eclipse Studio, sondern über die Transaktion *SE11* zusätzlich in Ihrem SAP-System (siehe Abbildung 2.38).

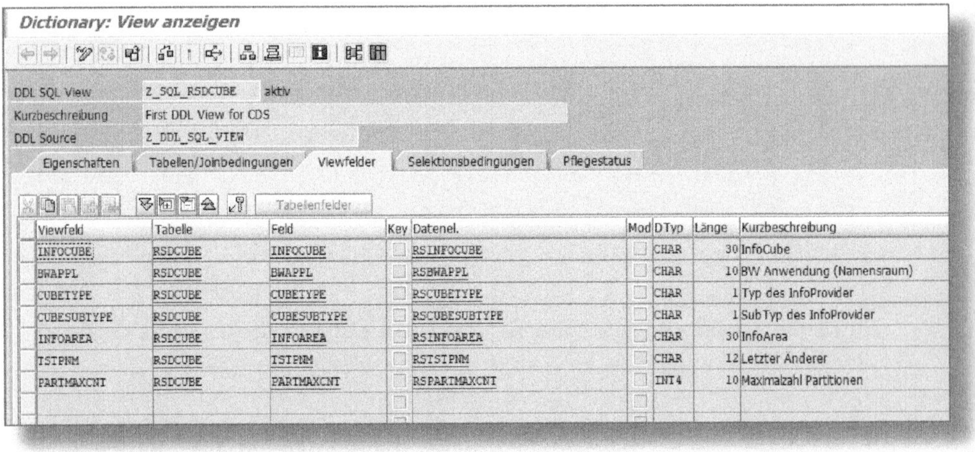

Dictionary: View anzeigen

DDL SQL View: Z_SQL_RSDCUBE aktiv
Kurzbeschreibung: First DDL View for CDS
DDL Source: Z_DDL_SQL_VIEW

Eigenschaften | Tabellen/Joinbedingungen | Viewfelder | Selektionsbedingungen | Pflegestatus

Tabellenfelder

Viewfeld	Tabelle	Feld	Key	Datenel.	Mod	DTyp	Länge	Kurzbeschreibung
INFOCUBE	RSDCUBE	INFOCUBE		RSINFOCUBE		CHAR	30	InfoCube
BWAPPL	RSDCUBE	BWAPPL		RSBWAPPL		CHAR	10	BW Anwendung (Namensraum)
CUBETYPE	RSDCUBE	CUBETYPE		RSCUBETYPE		CHAR	1	Typ des InfoProvider
CUBESUBTYPE	RSDCUBE	CUBESUBTYPE		RSCUBESUBTYPE		CHAR	1	SubTyp des InfoProvider
INFOAREA	RSDCUBE	INFOAREA		RSINFOAREA		CHAR	30	InfoArea
TSTPNM	RSDCUBE	TSTPNM		RSTSTPNM		CHAR	12	Letzter Anderer
PARTMAXCNT	RSDCUBE	PARTMAXCNT		RSPARTMAXCNT		INT4	10	Maximalzahl Partitionen

Abbildung 2.38: CDS-View in Transaktion SE11

Coding in CDS

Sie können im Code der CDS-Views nicht nur Spalten hinzufügen, sondern jede bisher verwendete SQL-Funktionalität nutzen, um eine Spalte zu verändern.

Jede spätere Änderung am Coding führt automatisch zu einer Änderung auf der ABAP-Seite. Für dieses Beispiel fügen Sie noch eine weitere Tabellenspalte mittels `rsdcube.infocube` hinzu, wie in Abbildung 2.39 ersichtlich ist. Wenn die Spalte ein Schlüsselfeld der Tabelle sein soll, definieren Sie dies durch Voranstellen des Schlüsselworts KEY:

```
KEY rsdcube.infocube
```

```
@AbapCatalog.sqlViewName: 'Z_SQL_RSDCUBE'
@AbapCatalog.compiler.compareFilter: true
@AbapCatalog.preserveKey: true
@AccessControl.authorizationCheck: #CHECK
@Analytics.dataCategory: #CUBE
@EndUserText.label: 'First DDL View for CDS'
define view Z_DDL_SQL_VIEW_RSDCUBE as select from rsdcube {

--Definition der Rückgabe spalten
 rsdcube.infocube,
 rsdcube.bwappl,
 rsdcube.cubetype,
 rsdcube.cubesubtype,
 rsdcube.infoarea,
 rsdcube.tstpnm,
 rsdcube.partmaxcnt,

 --Neue Spalte ab AKtivierung mit neuem Namen
 rsdcube.objstat as NEU

}
where rsdcube.objvers= 'A'
```

Abbildung 2.39.: Geänderter Code der CDS-View

Den geänderten Code aktivieren Sie anschließend und sehen sofort das Ergebnis (Abbildung 2.40).

Viewfeld	Tabelle	Feld	Key	Datenel.	Mod	DTyp	Länge	Kurzbeschreibung
INFOCUBE	RSDCUBE	FOCUBE		RSINFOCUBE		CHAR	30	InfoCube
BWAPPL	RSDCUBE	BWAPPL		RSBWAPPL		CHAR	10	BW Anwendung (Namensraum)
CUBETYPE	RSDCUBE	CUBETYPE		RSCUBETYPE		CHAR	1	Typ des InfoProvider
CUBESUBTYPE	RSDCUBE	CUBESUBTYPE		RSCUBESUBTYPE		CHAR	1	SubTyp des InfoProvider
INFOAREA	RSDCUBE	INFOAREA		RSINFOAREA		CHAR	30	InfoArea
TSTPNM	RSDCUBE	TSTPNM		RSTSTPNM		CHAR	12	Letzter Änderer
PARTMAXCNT	RSDCUBE	PARTMAXCNT		RSPARTMAXCNT		INT4	10	Maximalzahl Partitionen
NEU	RSDCUBE	OBJSTAT		RSOBJSTAT		CHAR	3	Objektstatus

Abbildung 2.40: Angepasste View in der Transaktion SE11

Die über die CDS-Views erstellte Funktionalität wird direkt in HANA ausgeführt und liefert das Ergebnis als eine Standard-SAP-View.

Nach der Aktivierung können Sie sich die Ergebnisse der neuen View mittels der SAP-Transaktion *SE11* darstellen lassen (siehe Abbildung 2.41).

Data Browser: Tabelle Z_SQL_RSDCUBE 364 Treffer

Prüftabelle...

Tabelle: Z_SQL_RSDCUBE

INFOCUBE	BWAPPL	CUBETYPE	CUBESUBTYPE	INFOAREA	PARTMAXCNT	NEU
0BPCBPFVP	BW	V	C	0BWTCT_BPC	0	ACT
0BWTC_C02	BW	B	F	NODESNOTCONNECTED	0	ACT
0BWTC_C03	BW	B	F	0BWTCT_STA	0	ACT
0BWTC_C04	BW	B	F	0BWTCT_STA	0	ACT
0BWTC_C05	BW	B	F	0BWTCT_STA	0	ACT

Abbildung 2.41: Ergebnisdarstellung CDS-View

CDS-Views können nicht nur in ABAP-Routinen mittels regulärem ABAP wie

```
Select * from Z_SQL_RSDCUBE into TABLE @DATA(lt_my_cubes),
```

sondern auch direkt in einer Calculation View (siehe Abbildung 2.42) verwendet werden.

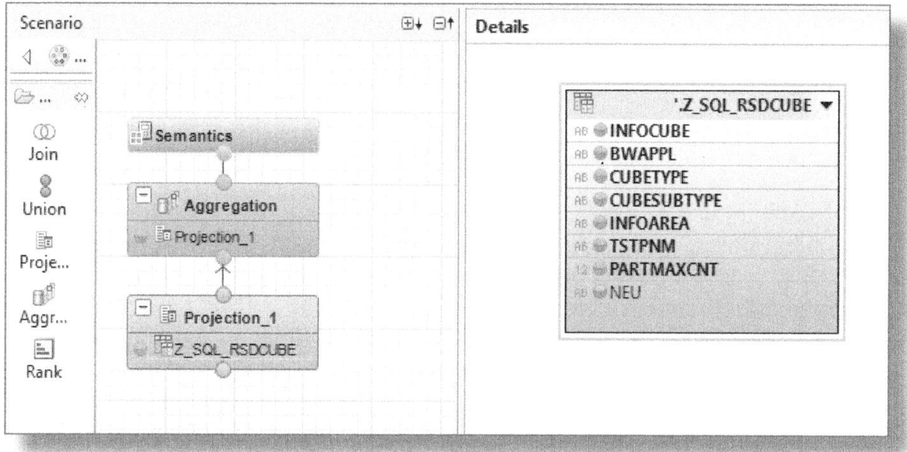

Abbildung 2.42: Einbindung von CDS-View in Calculation View

2.4.2 AMDP- oder CDS-Funktionen sowie Prozeduren mit HANA SQLScript

Mit ABAP Managed Database Procedures (AMDB, vgl. Abschnitt 1.4) bewegen Sie sich in der Welt von ABAP und haben dort die Möglichkeit, auf HANA-Funktionalitäten unter Verwendung von nativem HANA SQL oder SQLScript-Funktionen zuzugreifen.

AMDP-Routinen werden in SAP BW (BW/4HANA) eingesetzt, um eine optimale Performance zu gewährleisten, da ihre Ausführung in der DB anstatt auf dem Applikationsserver erfolgt.

In diesem Buch gehe ich nicht im Detail auf AMDP ein, weil ich mich in erster Linie SQLScript widme. Aber im Alltag hatte ich mehrfach die Anforderung, auf Daten einer Calculation View oder einer Table Function zugreifen zu müssen. Da diese beiden Objekte nicht in der ABAP-Welt sichtbar sind, sondern hier nur die »SAP«-Dictionary-Sicht verfügbar ist, wäre es durchaus hilfreich, wenn auch die HANA-Seite mit den dort erstellten SQLScript Table Functions erreichbar wäre.

Die SAP hat hierfür eine Verbindung von ABAP zu SQLScript geschaffen, die ich Ihnen im folgenden Beispiel erläutern möchte.

AMDP-/CDS-Zugriff mit SQLScript-Methode

In Abschnitt 2.3.3 hatten Sie bereits eine Table Function angelegt, auf die Sie nun zugreifen könnten. Alternativ können Sie die Tabellen KUNDE und SALES verwenden, wenn Sie eventuell kein BW nutzen, sondern im S/4HANA-Umfeld arbeiten. Je nachdem, welches Schema Sie angegeben haben, liegen diese Tabellen nach der Anlage im reinen HANA-Schema oder in Ihrem privaten Schema.

1. Anlegen einer CDS Table Function

CDS-Views dienen dazu, eine Brücke zwischen der ABAP-Welt (sieht keine Non-SAP-Tabellen) und der HANA-SQLScript-Welt zu schlagen. Als Erstes definieren Sie wieder eine CDS-View. Nach deren Definition und Anlage mit einem technischen Namen sowie einer Beschreibung ändern Sie die Annotationen und fügen das Rumpfcoding ein, wie im Beispiel in Listing 2.19 beschrieben.

```
--Annotation CDS Table Function
@AccessControl.authorizationCheck: #CHECK
@EndUserText.label: 'My CDS Table function'
@Analytics.dataCategory: #CUBE

define table function Z_MY_CDS_TAB_FUNC_V

returns{

}
```

Listing 2.19: Das Rumpfprogramm Ihrer CDS-View

Wie man erkennen kann, wird dieses Mal keine View, sondern eine CDS Table Function erstellt, die eine Rückgabe von Werten erwartet.

Den Zwischenraum, der in den Returns durch die geschweiften Klammern »{}« entstanden ist, füllen Sie nun mit den gewünschten Tabellenfeldern.

Funktionalität ABAP versus HANA

Sie befinden sich immer noch im ABAP-Entwicklungsraum Ihres Systems. Die Tabellen SALES und KUNDE, die Sie in Abschnitt 1.11 angelegt haben, sind nur im HANA-Bereich bekannt. Sie müssen durch Implementierung einer Klasse die Brücke schlagen, denn die Tabelle SALES ist nur in der HANA-Welt, nicht aber in der ABAP-Welt ansprechbar.

Da Sie diese CDS-View aktuell im ABAP Data Dictionary (DDIC) definieren, müssen Sie auch die jeweiligen ABAP-Typen nutzen. Die Reihenfolge der erwarteten Spalten sowie die Datentypen sollten kompatibel sein.

Die fertige CDS-View zeigt Listing 2.20.

```
@AccessControl.authorizationCheck: #CHECK
@EndUserText.label: 'My CDS Table function'
@Analytics.dataCategory: #CUBE

define table function Z_MY_CDS_TAB_FUNC_V

returns{
       MANDT: abap.clnt;--MANDANTENABHÄNGIG?
       DATUM: abap.dats;
       UID: abap.int1;
       PID: abap.int1;
       VK_WERT_LOC: abap.curr( 17, 2 );
       NAME: abap.char( 100 );
      }

implemented by method zmy_cds_class=>GET_SALES_DATA;
```

Listing 2.20: CDS-View über Klasse und Methode

Wie Sie hier erkennen, ist im unteren Teil die Definition der Implementierung als Methodenaufruf definiert. Die Methode `GET_SALES_DATA` der Klasse `zmy_cds_class` ermöglicht es, die Salesdaten an die CDS-Funktion in definierter Struktur zu übergeben.

Um den ersten Teil abzuschließen, müssen Sie nun die CDS-View aktivieren.

Erst CDS-View, dann Klasse

Wichtig zu erwähnen ist, dass die CDS-Funktionalität **vor** der Implementierung der Klasse erfolgen muss. Die Klasse führt eine Syntaxprüfung bei der Aktivierung von CDS aus, aber nicht umgekehrt. Daher können Sie die CDS-Funktion ohne Klasse aktivieren.

2. Klasse für CDS anlegen

Im nächsten Schritt soll eine Klasse zur Verfügung gestellt werden, welche die Daten an die CDS-Funktion übermittelt. Legen Sie in der ABAP-Perspektive eine Klasse an, indem Sie mit Rechtsklick auf das jeweilige System und New die ABAP Class selektieren (siehe Abbildung 2.43).

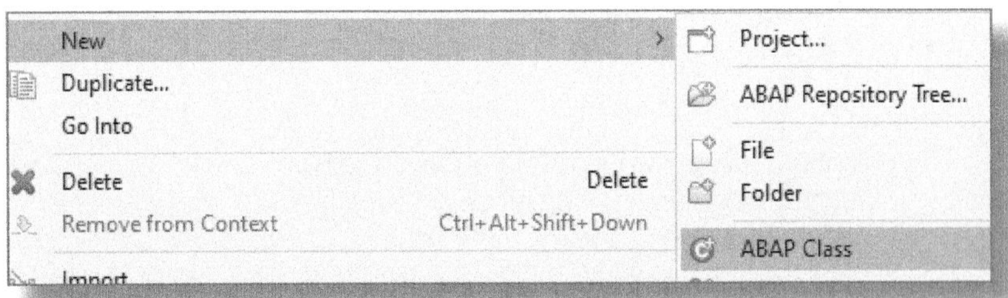

Abbildung 2.43: Anlegen neue ABAP-Klasse

Nun sollten Sie dem Transportpaket beispielsweise einen $TMP-Namen und eine Bezeichnung sowie ZMY_CDS_CLASS als technischen

Namen geben. Das System generiert Ihnen daraufhin das Rumpfgerüst, wie in Abbildung 2.44 dargestellt ist.

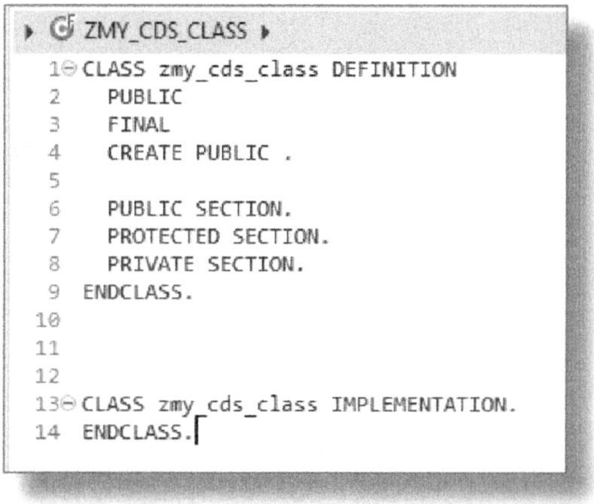

ZMY_CDS_CLASS

```
CLASS zmy_cds_class DEFINITION
  PUBLIC
  FINAL
  CREATE PUBLIC .

  PUBLIC SECTION.
  PROTECTED SECTION.
  PRIVATE SECTION.
ENDCLASS.



CLASS zmy_cds_class IMPLEMENTATION.
ENDCLASS.
```

Abbildung 2.44: Rumpf der neuen ABAP-Klasse

Dieses Coding müssen Sie noch etwas anpassen, wie Sie in Listing 2.21 erkennen können:

```
CLASS zmy_cds_class DEFINITION
  PUBLIC
  FINAL
  CREATE PUBLIC .

  PUBLIC SECTION.
    INTERFACES if_amdp_marker_hdb.
      class-METHODS: GET_SALES_DATA FOR TABLE FUNCTION Z_MY_
CDS_TAB_FUNC_V.
  PROTECTED SECTION.
  PRIVATE SECTION.
ENDCLASS.



CLASS zmy_cds_class IMPLEMENTATION.
    METHOD GET_SALES_DATA by DATABASE FUNCTION FOR HDB
LANGUAGE SQLSCRIPT
```

```
    options READ-ONLY.
    return
    SELECT
     '002' as "MANDT",
     S.DATUM,
     S.UID,
     S.PID,
     S.VK_WERT_LOC,
     K.VORNAME || ' ' || K.NACHNAME as "NAME"
    FROM "MY_SCHEMA"."SALES" as S
    JOIN "MY_SCHEMA"."KUNDE" as K
    ON S.UID = K.UID;

    ENDMETHOD.
ENDCLASS.
```

Listing 2.21: CDS-Klasse mit SQLScript-Methode

Im Code ist erkennbar, dass die Verbindung von ABAP in die HANA-Welt mittels der Methodendeklaration geschaffen wird:

```
METHOD GET_SALES_DATA by DATABASE FUNCTION FOR HDB LANGUAGE
SQLSCRIPT
```

So wird definiert, dass das folgende Coding SQLScript sein soll und somit auf der HANA-Seite arbeitet.

Mithilfe solcher CDS-Methoden können Sie die Vielzahl an SQLScript-Befehlen und -Funktionen auch in ABAP einbinden.

2.4.3 HANA SQLScript in SAP-Business-Warehouse-(BW-) AMDP-Transformationen

In SAP BW werden Daten in der Regel durch Transformationen von einem Datenziel in die nächste Layered-Scalable-Architecture(LSA-) Stufe geleitet.

In BW-Systemen, die nicht auf einer HANA DB basieren, erfolgt dies auf grafischem Wege (siehe Abbildung 2.45) oder durch eine ABAP-Programmierung, wenn bestimmte Daten nachgelesen oder modifiziert werden müssen.

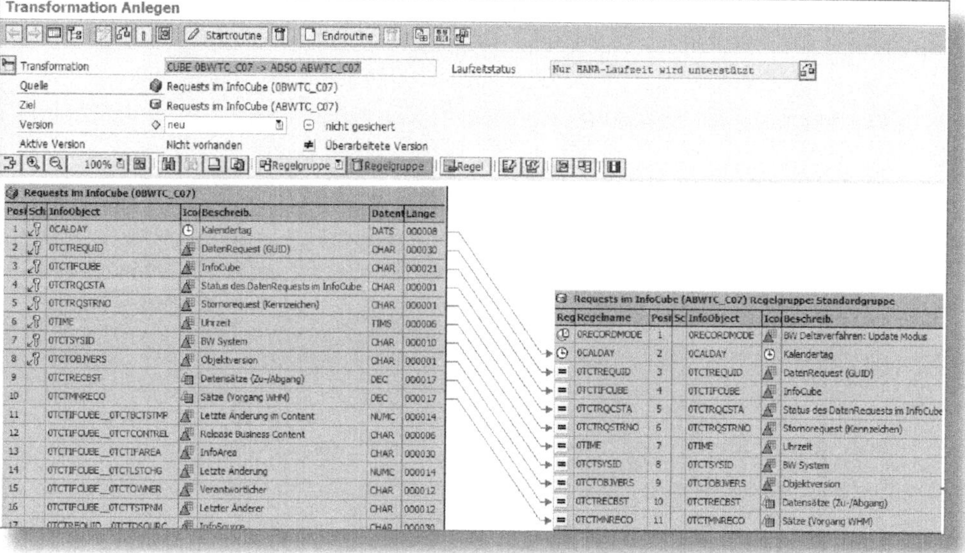

Abbildung 2.45: Darstellung einer Transformation zwischen Infoprovider 0BWTC_C07 und ABWTC_C07

In ABAP müssen, wie in Abbildung 1.2 dargestellt, erst alle Daten von der Datenbank (z. B. aus einem ADSO) gelesen, auf den Applikationsserver geladen, dort angepasst und anschließend wieder in Form eines Infoproviders (ADSO) in die HANA DB geschrieben werden.

Da beim Einsatz einer HANA DB in Verbindung mit SAP BW (BW/4HANA) aktuell zunehmend mit HANA SQLScript programmiert wird, sollten Sie auch im Bereich der Transformationen darüber nachdenken, ob Sie diese nicht optimieren möchten.

Bei der Verwendung von AMDP und den damit verbundenen, auf SQLScript basierten Transformationen wird versucht, fast alle Berechnungen in der DB auszuführen, um den Datenfluss zwischen der

DB und dem Applikationsserver auf ein Minimum zu reduzieren. Dies möchte ich Ihnen anhand des Beispiels einer kleinen Transformation (Startroutine) darstellen, bei der die Daten (technischer Content der SAP) zwischen zwei Providern überführt werden sollen.

Wenn Sie unter BW 7.5 on HANA oder BW/4HANA eine Transformation anlegen und dann eine Start-, End- oder Expertenroutine erstellen möchten, werden Sie vom BW-System gefragt, ob Sie diese Transformationsroutine als ABAP oder AMDP erstellen möchten.

Anlegen von AMDP-Transformationen

Das Anlegen von AMDP-Transformationen ist in der SAP GUI nicht korrekt möglich. Sie sollten, um Fehler zu vermeiden, AMDP-Transformationen immer in Eclipse/HANA Studio/Web IDE anlegen.

Nachdem Sie AMDP gewählt haben, generiert das BW-System automatisch eine HANA-Klasse mit der Struktur der Quell- und Zieltabelle.

Abbildung 2.46 zeigt die beiden neuen Tabellen INTAB und OUTTAB, in der ABAP-Welt SOURCE_PACKAGE (INTAB) und RESULT_PACKAGE (OUTTAB).

Bei diesem Vorgehen ist zu beachten, dass

- bei Startroutinen die Funktionalität der Struktur (inTab (TN_T_IN) und von outTab (TN_T_OUT) der von SOURCE_PACKAGE entspricht,
- bei Endroutinen die Funktionalität der Struktur (inTab (TN_T_IN) und von outTab (TN_T_OUT) der von RESULT_PACKAGE entspricht,
- bei Expertroutinen die Funktionalität der Struktur (inTab (TN_T_IN) = SOURCE_PACKAGE und outTab (TN_T_OUT) der von RESULT_PACKAGE entspricht.

```
/BIC/00O2THAIP3TCAYJ5NXHNQOFHG

public section.

  interfaces IF_AMDP_MARKER_HDB .

  types:
    begin of TN_S_IN1,
       CALDAY type /BI0/OICALDAY, " InfoObject: 0CALDAY
       TCTREQUID type /BI0/OITCTREQUID, " InfoObject: 0TCTR
       TCTIFCUBE type /BI0/OITCTIFCUBE, " InfoObject: 0TCTI
       TCTRQCSTA type /BI0/OITCTRQCSTA, " InfoObject: 0TCTR
       TCTRQSTRNO type /BI0/OITCTRQSTRNO, " InfoObject: 0TC
       TIME type /BI0/OITIME, " InfoObject: 0TIME
       TCTSYSID type /BI0/OITCTSYSID, " InfoObject: 0TCTSYS
       TCTOBJVERS type /BI0/OITCTOBJVERS, " InfoObject: 0TC
       TCTRECBST type /BI0/OITCTRECBST, " InfoObject: 0TCTR
       TCTMNRECO type /BI0/OITCTMNRECO, " InfoObject: 0TCTM
       TCTIFCUBE__TCTBCTSTMP type /BI0/OITCTBCTSTMP, " Info
       TCTIFCUBE__TCTCONTREL type /BI0/OITCTCONTREL, " Info
       TCTIFCUBE__TCTIFAREA type /BI0/OITCTIFAREA, " InfoObj
       TCTIFCUBE__TCTLSTCHG type /BI0/OITCTLSTCHG, " InfoObj
       TCTIFCUBE__TCTOWNER type /BI0/OITCTOWNER, " InfoObje
       TCTIFCUBE__TCTTSTPNM type /BI0/OITCTTSTPNM, " InfoObj
       TCTREQUID__TCTDSOURC type /BI0/OITCTDSOURC, " InfoObj
       TCTREQUID__TCTIPAKID type /BI0/OITCTIPAKID, " InfoObj
       TCTREQUID__TCTISOURC type /BI0/OITCTISOURC, " InfoObj
       TCTREQUID__TCTSOURSYS type /BI0/OITCTSOURSYS, " Info
       TCTREQUID__TCTSYSID type /BI0/OITCTSYSID, " InfoObje
       TCTREQUID__TCTUSERNM type /BI0/OITCTUSERNM, " InfoObj
       RECORD type C length 56,
       RECORDTP type /BI0/OIRECORDTP, " InfoObject: 0RECORD
       SQL__PROCEDURE__SOURCE__RECORD type C length 56,
    end of TN_S_IN1 .
  types:
    begin of TN_S_IN.
       include type TN_S_IN1.
     types end of TN_S_IN .
  types:
    TN_T_IN TYPE STANDARD TABLE OF TN_S_IN .
  types:
    begin of TN_S_OUT1,
       CALDAY type /BI0/OICALDAY, " InfoObject: 0CALDAY
       TCTREQUID type /BI0/OITCTREQUID, " InfoObject: 0TCTR
       TCTIFCUBE type /BI0/OITCTIFCUBE, " InfoObject: 0TCTI
       TCTRQCSTA type /BI0/OITCTRQCSTA, " InfoObject: 0TCTR
       TCTRQSTRNO type /BI0/OITCTRQSTRNO, " InfoObject: 0TC
```

Abbildung 2.46: Rumpfgerüst und Struktur der AMDP-Startroutine

Um den Unterschied zwischen klassischem ABAP und SQLScript darzustellen, habe ich beide Versionen der Veränderung (ABAP und SQLScript) eines Datensatzes als Beispiele aufgeführt.

```
CLASS /BIC/00O2THAIP3TCAYJ5NXHNQOFHG IMPLEMENTATION.


METHOD PROCEDURE BY DATABASE PROCEDURE FOR DB LANGUAGE SQLSCRIPT OPTIONS READ-ONLY.
OUTTAB   = SELECT * FROM :INTAB; ERRORTAB = SELECT '' AS ERROR_TEXT, '' AS SQL__PROCEDURE__SOURCE__RECORD FROM DUMMY WHERE DUMMY <> 'X';
ENDMETHOD.
ENDCLASS.
```

Abbildung 2.47: Methodenaufruf der Implementierung

Neben der Struktur wird zusätzlich die Rumpfmethode generiert. Wie in Abbildung 2.47 am markierten Code erkennbar ist, erfolgt die gesamte Programmierung ab der Deklaration des Methodenkopfes in SQLScript.

Zu beachten ist, dass die Befehlszeilen nicht mit einem Punkt, sondern mit einem Semikolon abgeschlossen werden, da Sie sich in SQLScript und nicht in ABAP bewegen.

Performance in AMDP-Transformationen

Versuchen Sie, die Filter im Vorfeld der Routine immer in DTP zu setzen. Vermeiden Sie ebenso zeilenbasierte Vergleiche und Zugriffe, wo immer es möglich ist.

Der wichtigste Unterschied zu alten ABAP-Transformationen sollte allerdings die Vermeidung von zeilenbasierten Bearbeitungen wie Loops (Schleifen) sein. Diese sind zwar in der DB schneller als in ABAP, wo man sie über die Quelldaten laufen lässt und dann wie gewünscht anpasst, doch heben sie den enormen Zeitvorteil von HANA auf.

Der Vollständigkeit halber werde ich Ihnen dennoch einen Loop zeigen, wie er bereits in Abschnitt 1.14.4 genutzt wurde.

Löschen von Daten in der Starttabelle ITAB

Das Löschen bestimmter Sätze, was allerdings nie in der Routine, sondern schon im DTP-Filter geschehen sollte, erfolgte früher in ABAP wie folgt.

```
Delete SOURCE_PACKAGE where TCTIFCUBE <> '0TCTIOBJNM';
```

In einer AMDP-Transformation, die SQLScript verwendet, würde sich das Ganze so darstellen:

```
OUTTAB   = SELECT * FROM :INTAB
WHERE TCTIFCUBE <> '0TCTIOBJNM';
```

Verändern von Daten

Wenn bestimmte Werte der Tabelle INTAB überprüft und ggf. verändert werden müssen, entspräche das Coding in ABAP dem in Listing 2.22:

```
loop at SOURCE_PACKAGE   assigning <source_fields>
--Wenn gewünschter Wert gefunden, dann verändere Wert
        If <source_fields>- CALDAY = '11000101'.

        <source_fields>-CALDAY = '20200821'
        Else.
        <source_fields>-CALDAY = sy-datum.
        Endif.
endloop
```

Listing 2.22: Beispiel für eine ABAP-Schleife

Im Vergleich dazu veranschaulicht Listing 2.23 das Ganze in einer AMDP-Transformation:

```
outtab =
select ( case CALDAY
          when '20191119' THEN '20200821'
          else to_varchar( CURRENT_DATE, 'YYYYMMDD' )
         end) as CALDAY,
      TCTREQUID, TCTIFCUBE, TCTRQCSTA, TCTRQSTRNO, TIME,
      TCTSYSID, TCTOBJVERS, TCTRECBST, TCTMNRECO, RECORD,
      RECORDTP,  SQL__PROCEDURE__SOURCE__RECORD
      from :intab;
```

Listing 2.23: Beispiel in SQLScript zum Umgehen einer Schleife

Wie man im SQLScript-Coding erkennen kann, habe ich bei dem Beispiel einmal zwei direkte Aufrufe einer SQLScript-Funktion implementiert. Neben der Funktion `CURRENT_DATE`, die das aktuelle Datum des heutigen Tages mit der korrekten Formatierung liefert, ist die Konvertierungsroutine `to_varchar` vorangestellt.

In SQLScript können Sie natürlich auch jegliche andere Funktion oder Ihre eigenen Prozeduren aufrufen.

Das Ergebnis der AMDP-Transformation im ADSO-Objekt könnte dann wie in meinem Beispiel gemäß Abbildung 2.48 aussehen.

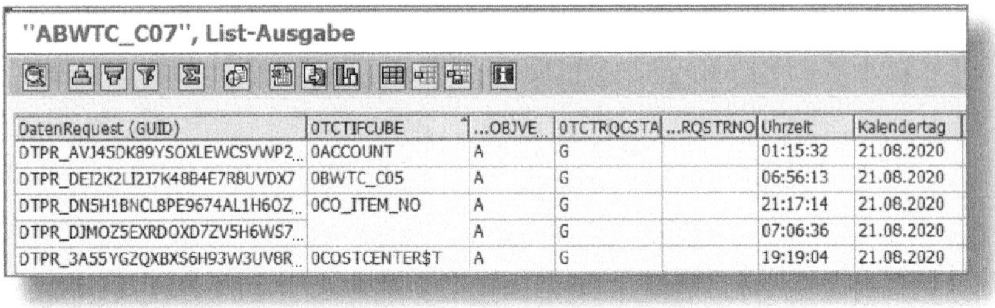

"ABWTC_C07", List-Ausgabe

DatenRequest (GUID)	0TCTIFCUBE	...OBJVE...	0TCTRQCSTA	...RQSTRNO	Uhrzeit	Kalendertag
DTPR_AVJ45DK89YSOXLEWCSVWP2...	0ACCOUNT	A	G		01:15:32	21.08.2020
DTPR_DEI2K2LI2J7K48B4E7R8UVDX7	0BWTC_C05	A	G		06:56:13	21.08.2020
DTPR_DN5H1BNCL8PE9674AL1H6OZ...	0CO_ITEM_NO	A	G		21:17:14	21.08.2020
DTPR_DJMOZ5EXRDOXD7ZV5H6WS7...		A	G		07:06:36	21.08.2020
DTPR_3A55YGZQXBXS6H93W3UV8R...	0COSTCENTER$T	A	G		19:19:04	21.08.2020

Abbildung 2.48: Ergebnis der AMDP-Transformation

Wie bereits erwähnt, sollten Daten nicht in der Schleife verändert werden.

AMDP dient eigentlich dazu, Massendaten zu verändern; eine Schleife würde dieses Konzept auf den Kopf stellen. Dennoch gebe ich auch hierfür ein kurzes Beispiel (siehe Listing 2.24).

Ich habe die Schleifendurchläufe wissentlich auf zwei begrenzt und die Dynamik auskommentiert. Wenn Sie solch ein Beispiel nutzen würden, würde die Laufzeit sehr schnell von Sekunden in den Minutenbereich ansteigen. (Dies ist ein **schlechtes** Beispiel und dient nur als Beweis für schlechte Performance!)

```
METHOD PROCEDURE BY DATABASE PROCEDURE FOR HDB LANGUAGE
SQLSCRIPT OPTIONS READ-ONLY .

declare lv_count_intab bigint;
declare i bigint;
--Ab HANA 2.0 könnte auch die Begrenzung der Anzahl mit
RECORD_COUNT( :INTAB ) erfolgen
select count( * ) into lv_count_intab from :intab;

        --for i IN 0 .. :lv_count_intab-1 DO  --Loop Beginn
        for i IN 0 .. 2-1 DO  --Loop Beginn
         IT_result =
           SELECT *
```

```
        FROM :INTAB
        LIMIT 1 OFFSET :i; --Info: OFFSET indexes beginnen
mit 0, nicht 1
--Mache etwas mit den Daten von IT_RESULT, dann append an
evtl. 2. interne Tabelle oder OUTTAB
--Das ganze Konstrukt ist ABER NICHT WIRKLICH HANA-KONFORM!!!

    END FOR;


outtab = Select * from :it_result;

ERRORTAB = SELECT '' AS ERROR_TEXT, '' AS SQL__PROCEDURE__
SOURCE__RECORD FROM DUMMY WHERE DUMMY <> 'X';
ENDMETHOD.
ENDCLASS.
```

Listing 2.24: Beispiel für schlechte Performance in der Programmierung

Ein sehr guter Blog zu AMDP, den ich nur empfehlen kann, ist der von Torsten Kessler:

https://blogs.sap.com/2017/03/24/hana-based-bw-transformation-guidelines-and-recommendations/

Initiale Werte von SAP-BW-Stammdaten

Anders als in SAP BW ABAP werden in SQLScript Spalten, die keine Information tragen, als NULL übergeben. Daher ist es in Ihrem Coding wichtig, dieses BW-Stammdatum bzw. die Ausprägung des Wertes entsprechend abzufangen.

Der Befehl `SELECT COALESCE( DATE, '20200101' ) AS CALDAY` würde bei Nullwerten den entsprechenden initialen Wert zurückliefern. Sie sollten somit bei der Befüllung von BW-Zeilen dieses COALESCE-Konstrukt in Ihrer Programmierung vorsehen.

Fehlermeldungen in AMDP

Bei der Anlage einer Rumpfmethode generiert SAP automatisch eine Möglichkeit, Fehlermeldungen an das DTP zurückzugeben (siehe Abbildung 2.49).

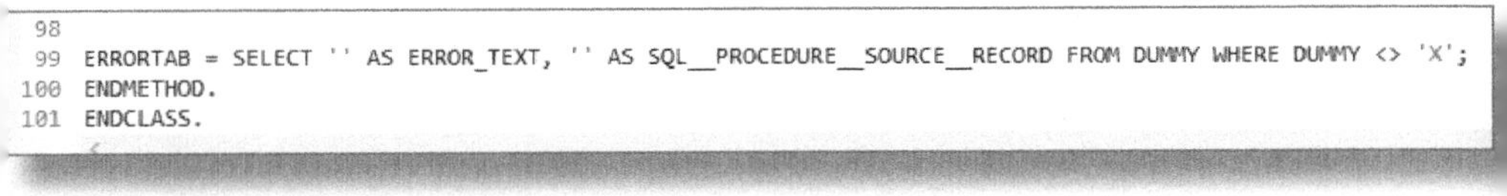

```
ERRORTAB = SELECT '' AS ERROR_TEXT, '' AS SQL__PROCEDURE__SOURCE__RECORD FROM DUMMY WHERE DUMMY <> 'X';
ENDMETHOD.
ENDCLASS.
```

Abbildung 2.49: Fehlermeldungen in ERRORTAB

Diese Fehlermeldungen können Sie in Ihrem Script dynamisch erstellen (siehe Listing 2.25), um so einen fehlenden oder falschen Wert in den Daten als Fehler dediziert zurückzugeben, was eine Weiterverarbeitung unnötig macht.

```
ERRORTAB = SELECT 'Meine Fehlermeldung' AS ERROR_TEXT, '' AS
SQL__PROCEDURE__SOURCE__RECORD FROM DUMMY  WHERE DUMMY <>
'X';
```

Listing 2.25: Erzeugung von SQL-Fehlermeldungen in AMDP

3 Debugging von SQLScript

In allen Entwicklungssprachen ist es notwendig, komplexe Prozeduren und bestimmte darin enthaltene Funktionen vor ihrer Verwendung zu testen, so auch in SQLScript. Sowohl SQLScript als auch HANA Studio bieten daher Möglichkeiten des Debuggings an, die im folgenden Kapitel betrachtet werden.

Grundlegende Fehler im Bereich SQLScript werden sofort nach Ausführung eines Kommandos angezeigt und fehlerhafte Prozeduren oder Funktionen können in der Syntax gar nicht erst aktiviert oder angelegt werden.

Da die Syntax also bereits evaluiert wurde, ist besonders die fachliche Überprüfung von syntaktisch korrekten Prozeduren oder Funktionen vor einem produktiven Einsatz essenziell. Das ist jedoch vor allem bei komplexen Prozeduren in der normalen SQLScript-Konsole nicht möglich, da keinerlei Einzelschritte, sondern nur das Gesamtergebnis dargestellt wird. Erst beim Testen im Debug-Modus kann kontrolliert werden, ob eine Berechnung in einem Teilschritt korrekt und zuverlässig erfolgen wird.

Das Debuggen von Fehlern oder das Testen der gerade erstellten SQLScript-Funktionalität wird in der Perspektive »Debug« ausgeführt.

Im Folgenden werde ich Ihnen dies am Beispiel einer Prozedur veranschaulichen.

3.1 Anlegen einer Demoprozedur für einen Debug-Test

Im ersten Schritt legen Sie einen Tabellentyp an (siehe Listing 3.1). Dieser Tabellentyp kann später in der Deklaration der Prozedur genutzt werden. Alternativ kann man die Rückgabe als Tabelle direkt in der Prozedur definieren.

Tabellentypen nutzen

Wenn Sie häufiger die gleichen Strukturen für Rückgabetabellen benötigen, ist es sinnvoll, Tabellentypen zu nutzen.

Das erspart Ihnen später im Fall von Anpassungen viel Zeit, da die Strukturierung des Tabellentyps nur an einer zentralen Stelle erfolgt, statt z. B. 30 bis 40 Prozeduren manuell zu ändern.

```
--Hinweis: OHNE Angabe eines Schemas wird das folgende
Beispiel in Ihrem persönlichen Schema angelegt (Default der
HANA)

-- Step1 --Definition eines Tabellentyps für den Aufruf der
Prozedur in Step2

      create type tt_products as table (
      PID integer,
      SUBTYPE nvarchar(20),
      TEXT nvarchar(200)
      );

-- Step2 --Definition einer Prozedur zum Auslesen aus der
PRODUCT-Tabelle via Tabellentyp (Step1)

CREATE PROCEDURE get_products ( in im_color nvarchar(20), out
ex_products tt_products )
       LANGUAGE SQLSCRIPT
       SQL SECURITY INVOKER
       READS SQL DATA AS
BEGIN
--Logik der Prozedur
ex_products = select "PID", "SUBTYPE", "TEXT"
              from "PRODUCT"
               where "COLOR" like im_color;

END;
```

```
--Aufruf der Prozedur für Rückgabe der Werte je
Eingangsparameter
call get_products ('Rot',?)
```

Listing 3.1: Beispiel für Debugging-Test

Um die gerade angelegte oder eine andere Script-Funktionalität debuggen zu können, muss innerhalb der Prozedur ein Breakpoint gesetzt werden. Das kann nach Aufruf bzw. Ansicht der Prozedur direkt in Eclipse/HANA Studio erfolgen (siehe Abbildung 3.1).

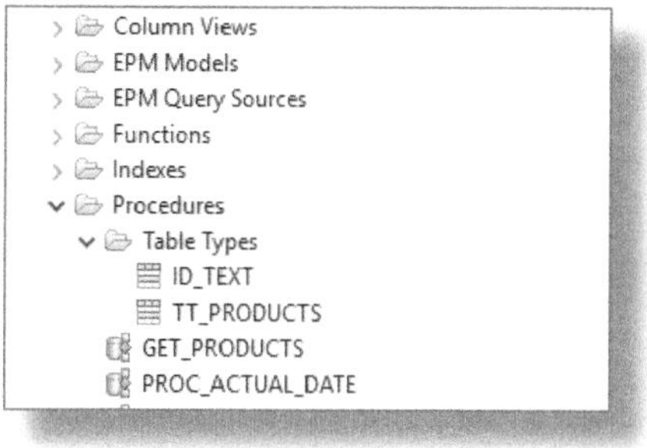

Abbildung 3.1: Darstellung der angelegten Prozedur im eigenen Schema

Sie finden die angelegte Prozedur wie auch den angelegten Tabellentyp in dem von Ihnen genutzten Schema. Durch Doppelklick auf die Prozedur gelangen Sie zu deren Coding-Ansicht (siehe Abbildung 3.2).

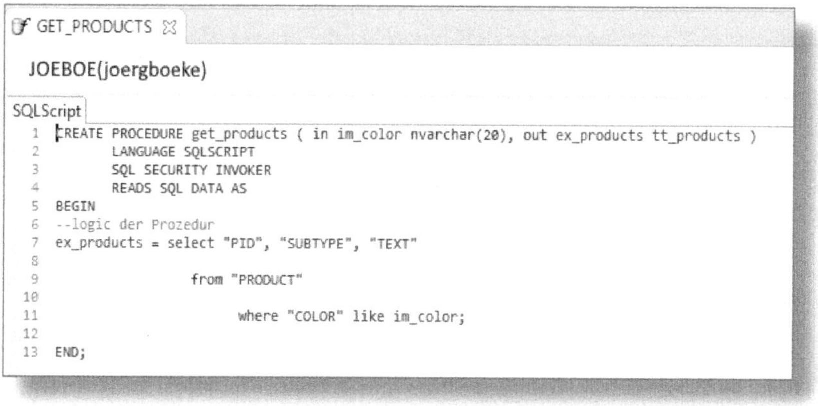

```
CREATE PROCEDURE get_products ( in im_color nvarchar(20), out ex_products tt_products )
       LANGUAGE SQLSCRIPT
       SQL SECURITY INVOKER
       READS SQL DATA AS
BEGIN
--logic der Prozedur
ex_products = select "PID", "SUBTYPE", "TEXT"

                  from "PRODUCT"

                        where "COLOR" like im_color;

END;
```

Abbildung 3.2: Darstellung der erstellten Prozedur in Eclipse

Im linken, grauen Bereich können Sie an jeder ausführbaren Codestelle durch Doppelklick einen Breakpoint setzen (siehe Zeile 7 des Coding in Abbildung 3.3).

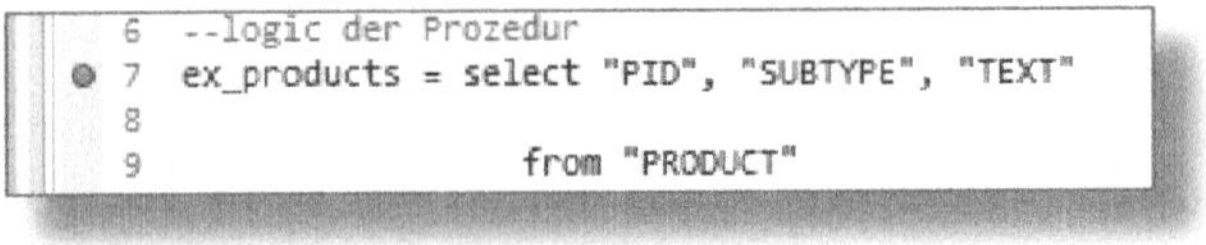

```
6  --logic der Prozedur
7  ex_products = select "PID", "SUBTYPE", "TEXT"
8
9                     from "PRODUCT"
```

Abbildung 3.3: Breakpoint in Prozedurzeile 7

3.2 Aufruf und Einstellung des Debugging

Um das Debugging nutzen zu können, wechseln Sie in die DEBUG-Perspektive (siehe Abbildung 3.4).

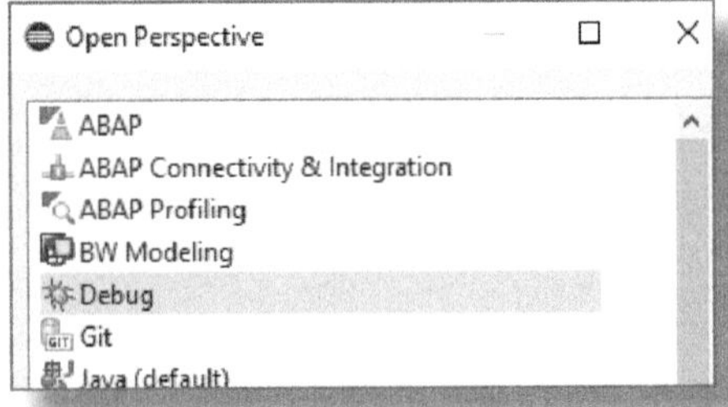

Abbildung 3.4: Auswahl Debug-Perspektive in Eclipse

Nach der Auswahl der Perspektive müssen Sie unter dem Debug-Symbol die Einstellung DEBUG CONFIGURATION wählen und dann die Prozedur sowie das von Ihnen gewählte (oder das Default-) Schema selektieren (siehe Abbildung 3.5).

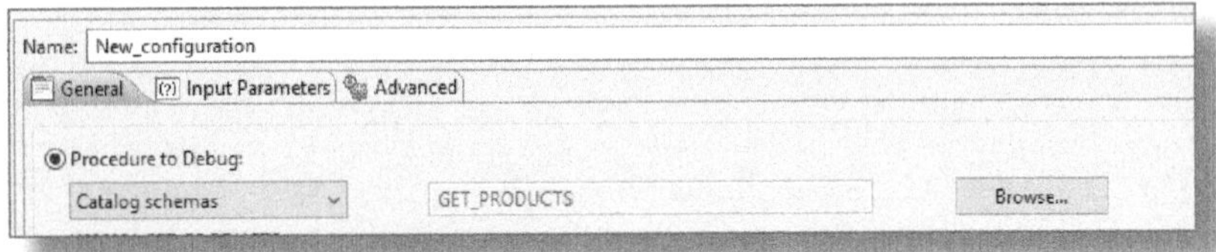

Abbildung 3.5: Neue Debugging-Konfiguration anlegen

Als letzten Schritt geben Sie unter Input Parameters den gewünschten Wert (im Beispiel *Rot*) als Eingabeparameter an und übernehmen die Konfiguration mittels des Buttons Apply (siehe Abbildung 3.6). Sie können ggf. auch die Debug-Konfiguration mit dem neuen Wert speichern.

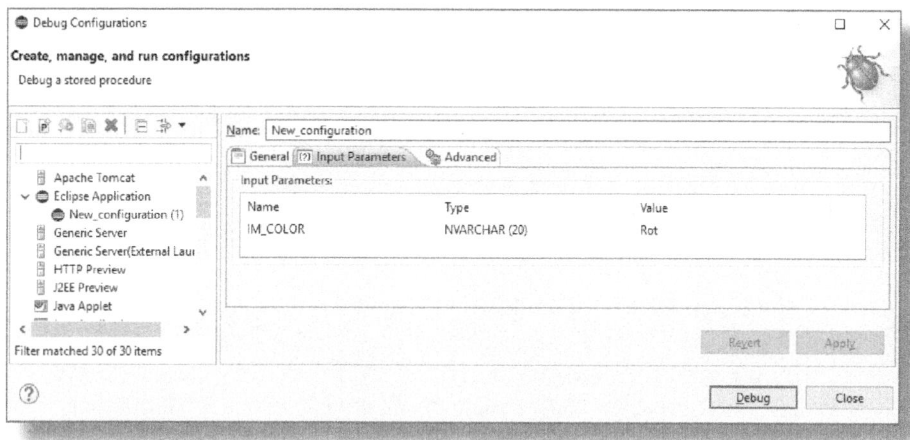

Abbildung 3.6: Debug-Konfiguration mit Eingabewert

Anschließend starten Sie das Debugging mit dem Button Debug. Nun wird die Prozedur ausgeführt und hält an dem von Ihnen gewählten Breakpoint automatisch an.

Schrittweises Debuggen

Bei dem Debugging mit HANA SQLScript ist es im Unterschied zu ABAP (dedizierter Button) nicht möglich, step by step durch den Code zu debuggen, sondern Sie müssen mit der F8-Taste von Breakpoint zu Breakpoint springen. Breakpoints können im gestarteten Debug-Modus noch nachträglich gesetzt werden, jedoch ist ein erster Breakpoint zwingend notwendig, da sonst das Programm ohne jeglichen Stop ausgeführt wird.

3.3 Debug-Prozess in Eclipse

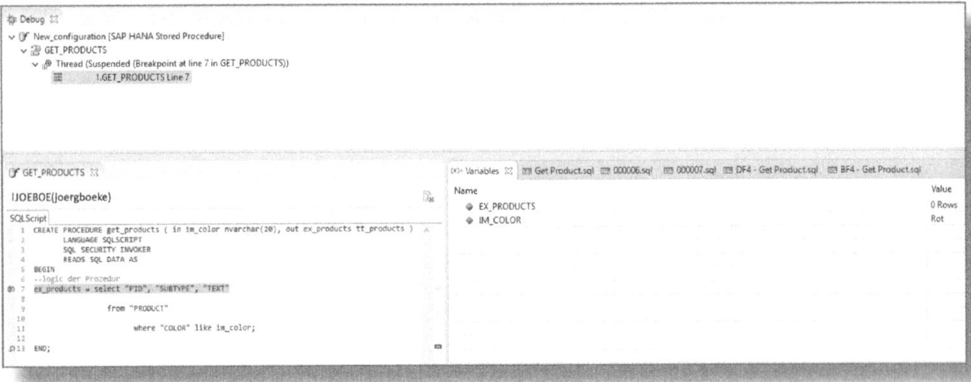

Abbildung 3.7: Debug-Stop auf erstem Breakpoint

Im Debug-Dialog (siehe Abbildung 3.7) erkennen Sie, dass der Prozess am eingefügten Breakpoint in Zeile 7 automatisch gestoppt wurde. Unter den Dialogvariablen (VARIABLES) rechts finden Sie den übergebenen Importparameter »Rot« sowie die Rückgabetabelle mit »0« Zeilen, da der Schritt zur Befüllung der internen Tabelle noch nicht abgearbeitet wurde. Außerdem ist in Zeile 13 der zusätzliche, manuelle Breakpoint im Endbefehl zu sehen.

Wenn Sie nun die Ausführung mit der F8-Taste fortführen, springt das Programm automatisch zu Zeile 13, um dort erneut am Breakpoint zu stoppen.

Indem Sie mit der rechten Maustaste auf die Rückgabetabelle EX_PRODUCTS und dann im Variablendialog auf OPEN DATA PREVIEW (Abbildung 3.8) klicken, können Sie die durch die Prozedurlogik ermittelten fünf Zeilen in der Vorschau als Tabelle darstellen lassen (siehe Abbildung 3.9).

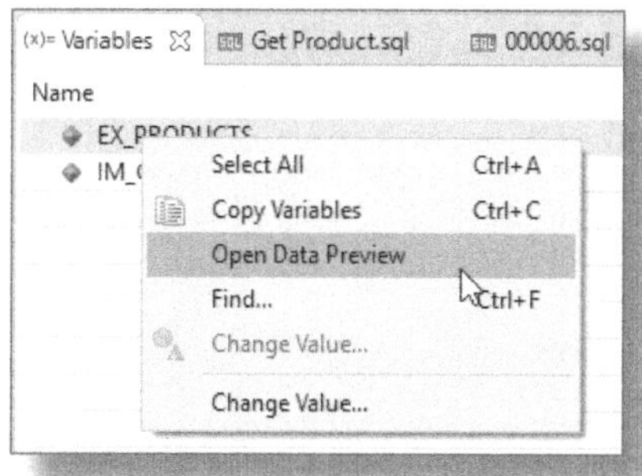

Abbildung 3.8: Preview für Tabellenwerte aufrufen

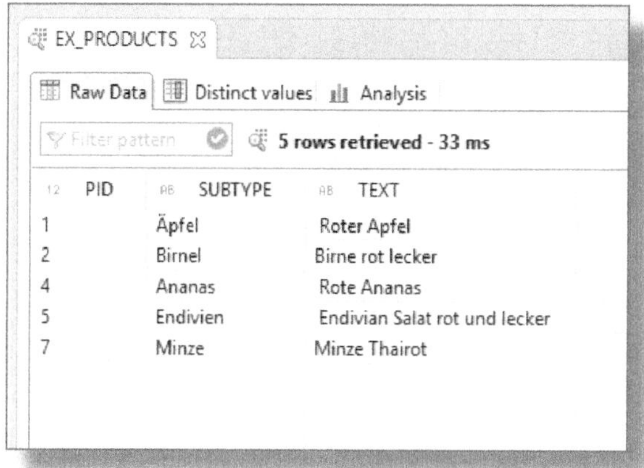

Abbildung 3.9: Übersicht der Tabellenwerte im Debug-Modus

Ein erneuter Start des Debuggings erfolgt einfach durch Selektion des Buttons in der DEBUG-Perspektive.

Über WINDOWS • SHOW VIEW • BREAKPOINTS besteht die Möglichkeit, sich die gesetzten Breakpoints anzeigen zu lassen (siehe Abbildung 3.10), sie zu speichern oder zu löschen.

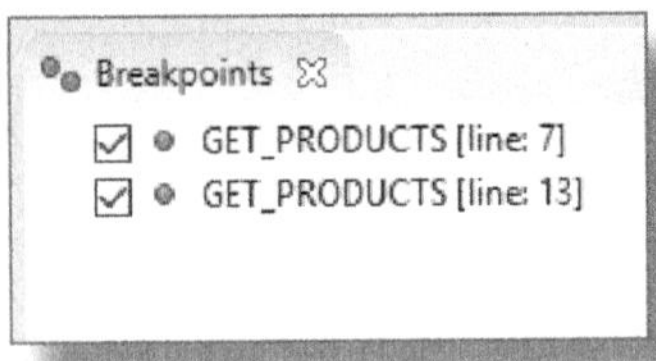

Abbildung 3.10: Anzeige Debug-Breakpoints

Die jeweiligen Debugging-Varianten können Sie lokal auf Ihrem PC speichern. Das hilft Ihnen später dabei, in bestimmte Debugging-Szenarien einzusteigen, da Sie diese dann gleich mit gepflegten Parametern für Input-Filter etc. aufrufen.

4 Monitoring

Nachdem Sie nun SQLScript programmiert haben und Ihr HANA-System über Ihre kundenspezifischen Funktionen verfügt, kann es unter Umständen notwendig sein, die Performance Ihres HANA-Servers zu überprüfen. Dafür hat die SAP eine Vielzahl von Monitoring- und Systemtabellen zur Verfügung gestellt. Mittels Calculation Views und Table Functions lassen sich so ein komplettes Berichtswesen und beispielsweise ein HANA Management/ Monitoring Cockpit erstellen.

Was früher im Bereich BW der »technische Content« war, ist heute über *Monitoring* und *System Views* komplett abbildbar. Von der Analyse der Laufzeiten in SQL bis zur Belegung Ihrer HANA-Tabellen (etwa der Anzahl der Datensätze und dem Speicherplatz in Byte) ist alles verfügbar. Besonders in diesem Umfeld habe ich für Kunden schon häufig von SQLScript unterstütztes Reporting erstellt. Einige Beispiele für diese SAP-HANA-Systemtabellen und Views möchte ich Ihnen im Weiteren aufzeigen.

4.1 System Views und Systemtabellen in SAP HANA

Die von SAP ausgelieferten System Views und Tabellen sind nicht nur für SQLScript von besonderer Bedeutung, sondern auch für die Arbeit mit Ihrem HANA-System.

4.1.1 SAP HANA System Views

SAP liefert mit jedem System eine Vielzahl von System Views aus, mit deren Hilfe Sie Ihre HANA-Umgebung überprüfen können. Diese finden Sie unter dem Schema SYS (siehe Abbildung 4.1)

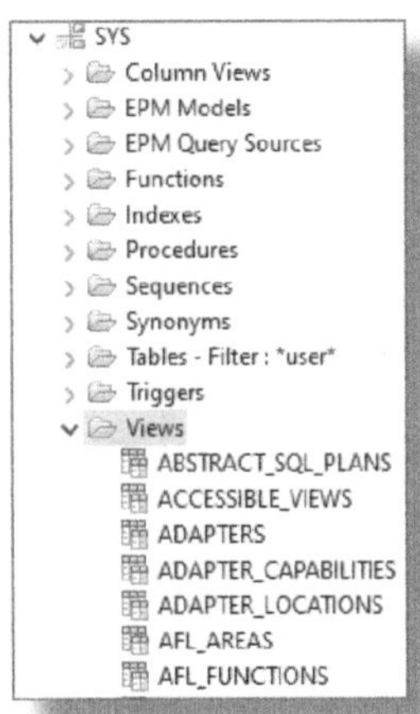

Abbildung 4.1: HANA System Views im Schema SYS

Diese System Views können dazu genutzt werden, sich entweder über die direkte Anzeige der Inhalte in Eclipse oder den SQLScript-Zugriff auf Ihre Implementierungen wertvolle Tools zu erstellen. Schauen Sie sich die Views einmal in Ruhe an, sie liefern viele Informationen, die man sonst mühsam mit SQLScript zusammenbauen müsste. Ich habe beispielsweise mithilfe von System Views den gesamten technischen SAP-BW-Content nachgebildet und dadurch viele nützliche HANA-Überwachungsmöglichkeiten erstellt.

200 rows retrieved - 1 sec. 632 ms

SCHEMA_NAME	PROCEDURE_NAME	PROCEDURE_OID	SQL_SECURITY
_SYS_STATISTICS	ALERT_RTE_DUMP_FILES	152.299	INVOKER
_SYS_STATISTICS	ALERT_LONG_SERIALIZAB...	152.305	INVOKER
_SYS_STATISTICS	COLLECTOR_HOST_SERVI...	150.770	INVOKER
_SYS_STATISTICS	COLLECTOR_HOST_LOAD...	150.622	INVOKER
_SYS_STATISTICS	COLLECTOR_STREAMING...	150.807	INVOKER
_SYS_STATISTICS	ALERT_REPLICATION_CO...	152.483	INVOKER
_SYS_STATISTICS	ALERT_SHM_USED_SIZE	152.075	INVOKER
_SYS_STATISTICS	ALERT_REPLICATION_LOG...	152.547	INVOKER
_SYS_STATISTICS	ALERT_DELTA_MERGE	152.071	INVOKER
_SYS_STATISTICS	ALERT_CHECK_HOSTS_CPU	152.039	INVOKER
_SYS_STATISTICS	ALERT_CHECK_DISK_SPACE	151.984	INVOKER
_SYS_STATISTICS	ALERT_CHECK_PERSISTEN...	152.540	INVOKER
_SYS_STATISTICS	ALERT_CHECK_FREE_PHY...	151.974	INVOKER

Abbildung 4.2: Inhalt der Tabelle PROCEDURES

Am Beispiel des Views PROCEDURES in Abbildung 4.2 können Sie in der Spalte SQL_SECURITY ablesen, welche Sicherheit (Ersteller oder

Aufrufer) bei der Anlage der Prozedur (Spalte PROCEDURE_NAME) angegeben wurde.

Wenn Sie also aus Revisions- oder Compliance-Gründen überprüfen möchten, ob alle von Ihnen erstellten Prozeduren und Funktionen auf Basis der Berechtigung des Aufrufers (Invoker) erstellt wurden, verwenden Sie zur Unterstützung System Views. Der Code aus Listing 4.1 ist nur ein kleines Beispiel.

```
--SQLScript für SQL-Security-Überprüfung
Select p.schema_name, p.procedure_name, p.sql_security as
"Proc_SEC",f.function_name, f.sql_security as "Func_SEC"
from sys.procedures as p
join
sys.functions as f
on p.schema_name = f.schema_name

Where p.sql_security = 'DEFINER'
```

Listing 4.1: Beispiel für Zugriff auf Systemdaten der HANA

Durch wenige Codezeilen können Sie leicht ermitteln, wer »unsauber« gearbeitet hat (siehe Abbildung 4.3).

	SCHEMA_NAME	PROCEDURE_NAME	Proc_SEC	FUNCTION_NAME	Func_SEC
58	MY_DEMO	MY_DEMO_PROC	DEFINER	GET_DISTANCE	INVOKER
59	MY_DEMO	MY_DEMO_PROC	DEFINER	MY_PERIODS_IN_BETWEEN	INVOKER
60	MY_DEMO	MY_DEMO_PROC	DEFINER	MULTIPLE_VAR_INLIST	INVOKER
61	MY_DEMO	MY_DEMO_PROC	DEFINER	GET_DAYS	INVOKER
62	MY_DEMO	MY_DEMO_PROC	DEFINER	JETZT	INVOKER

Abbildung 4.3: Ausgabe der Funktionen und Prozeduren mit DEFINER-Rechten

Eine vollständige Auflistung aller SQL-Befehle und vor allem **aller** System Views finden Sie unter:

https://help.sap.com/doc/PRODUCTION/9b40bf74f8644b898fb07dabdd2a36ad/2.0.00/en-US/SAP_HANA_SQL_and_System_Views_Reference_en.pdf

4.1.2 SAP-HANA-Systemtabellen

Neben den Views bietet SAP HANA außerdem Systemtabellen an, die jede Programmierung vereinfachen können. Dies ist Ihnen im Buch schon am Beispiel von Konvertierungen auf Basis des Datums in Abschnitt 1.14.9 begegnet.

Neben der Konvertierung kann es jedoch oftmals auch sinnvoll sein, Daten in SQLScript Views oder -Prozeduren anzureichern.

Im klassischen BW kennt man die Infoobjekte 0CALDAY, 0CALMONTH, 0CALYEAR und ähnliche zeitbasierte Merkmale. Ich habe in der täglichen Projektarbeit schon viele Versuche gesehen, diese Objekte mithilfe von SQLScript abzuleiten, zu konvertieren oder neu zu erfinden, was nur unnötig Zeit bei der Implementierung kostet.

Alternativ finden Sie unter dem Schema _SYS_BI Systemtabellen, die Sie hierfür einsetzen können (siehe Abbildung 4.4).

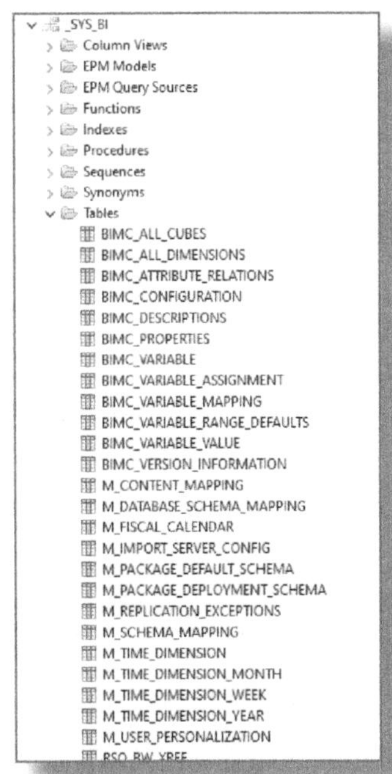

Abbildung 4.4: Systemtabellen im Schema _SYS_BI

Die Tabelle M_TIME_DIMENSION bietet Ihnen alles, was im Bereich SAP Reporting benötigt wird. Neben den Standardfeldern wie YEAR oder MONTH können Sie hier auch BW-Information wie CALMONTH oder CALWEEK direkt auslesen (siehe Abbildung 4.5).

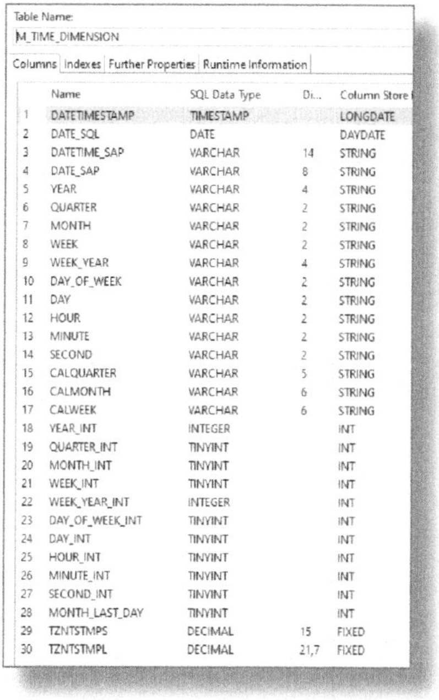

Table Name:
M_TIME_DIMENSION

Columns | Indexes | Further Properties | Runtime Information

	Name	SQL Data Type	Di...	Column Store
1	DATETIMESTAMP	TIMESTAMP		LONGDATE
2	DATE_SQL	DATE		DAYDATE
3	DATETIME_SAP	VARCHAR	14	STRING
4	DATE_SAP	VARCHAR	8	STRING
5	YEAR	VARCHAR	4	STRING
6	QUARTER	VARCHAR	2	STRING
7	MONTH	VARCHAR	2	STRING
8	WEEK	VARCHAR	2	STRING
9	WEEK_YEAR	VARCHAR	4	STRING
10	DAY_OF_WEEK	VARCHAR	2	STRING
11	DAY	VARCHAR	2	STRING
12	HOUR	VARCHAR	2	STRING
13	MINUTE	VARCHAR	2	STRING
14	SECOND	VARCHAR	2	STRING
15	CALQUARTER	VARCHAR	5	STRING
16	CALMONTH	VARCHAR	6	STRING
17	CALWEEK	VARCHAR	6	STRING
18	YEAR_INT	INTEGER		INT
19	QUARTER_INT	TINYINT		INT
20	MONTH_INT	TINYINT		INT
21	WEEK_INT	TINYINT		INT
22	WEEK_YEAR_INT	INTEGER		INT
23	DAY_OF_WEEK_INT	TINYINT		INT
24	DAY_INT	TINYINT		INT
25	HOUR_INT	TINYINT		INT
26	MINUTE_INT	TINYINT		INT
27	SECOND_INT	TINYINT		INT
28	MONTH_LAST_DAY	TINYINT		INT
29	TZNTSTMPS	DECIMAL	15	FIXED
30	TZNTSTMPL	DECIMAL	21,7	FIXED

Abbildung 4.5: Felder der Tabelle M_TIME_DIMENSION

Wenn Sie diese Information mit dem Beispielcode der Datumskonvertierung (siehe Abbildung 4.6) aus Abschnitt 1.14.9 verknüpfen, erhalten Sie ein komplexes Set an Informationen für Ihre Prozeduren oder Funktionen wie auch für Calculation Views und Table Functions.

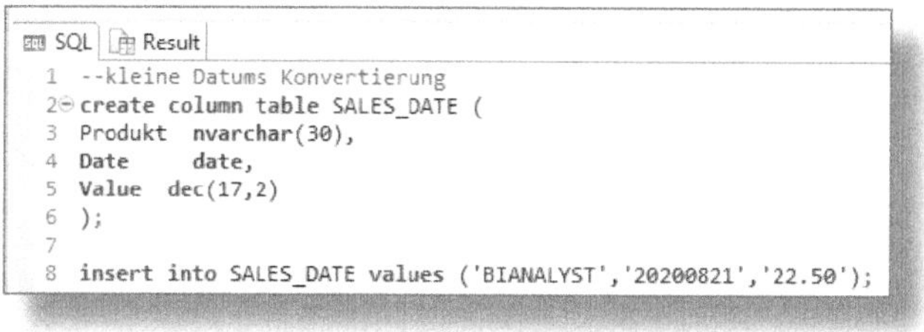

SQL | Result

```
--kleine Datums Konvertierung
create column table SALES_DATE (
Produkt  nvarchar(30),
Date     date,
Value  dec(17,2)
);

insert into SALES_DATE values ('BIANALYST','20200821','22.50');
```

Abbildung 4.6: Beispielcode aus Datumskonvertierung

Im Folgenden gebe ich Ihnen ein kurzes SQLScript-Beispiel, das veranschaulicht, dass durch ein Join mit der Systemtabelle M_TIME_DIMENSION eine Zeitkonvertierung mittels SQLScript komplett unnötig wird (Joins sind immer schneller als Script-Konvertierungen). Im Beispiel ist die Join-Bedingung via DATE-Feld unserer Tabelle »Salesdaten« sowie der Systemtabelle erfolgt. Neue zeitbezogene Felder wie CALMONTH oder WEEK sind so ohne Coding verfügbar.

Das Ergebnis sehen Sie in Abbildung 4.7.

SQL | Result

```
select s.produkt, s.date,
       m."   from SALES_DATE as s
join "_SYS_BI"."M_TIME_DIMENSION" as m
on s.date = m.date_sap
```

PRODUKT	DATE	DATETIMESTAMP	DATE_SQL	DATETIME_SAP	DATE_SAP	CALMONTH	CALWEEK	CALQUARTER	DAY_OF_WEEK_INT	YEAR	QUARTER	MONTH	WEEK	WEEK_YEAR	DAY_OF_WEEK	DAY
BIANALYST	21.08.2020	21.08.2020 00:00:00.0	21.08.2020	20200821000000	20200821	202008	202034	20203	4	2020	03	08	34	2020	04	21
BIANALYST	21.08.2020	21.08.2020 00:00:00.0	21.08.2020	20200821000000	20200821	202008	202034	20203	4	2020	03	08	34	2020	04	21
BIANALYST	21.08.2020	21.08.2020 00:00:00.0	21.08.2020	20200821000000	20200821	202008	202034	20203	4	2020	03	08	34	2020	04	21
BIANALYST	21.08.2020	21.08.2020 00:00:00.0	21.08.2020	20200821000000	20200821	202008	202034	20203	4	2020	03	08	34	2020	04	21
BIANALYST	21.08.2020	21.08.2020 00:00:00.0	21.08.2020	20200821000000	20200821	202008	202034	20203	4	2020	03	08	34	2020	04	21
BIANALYST	21.08.2020	21.08.2020 00:00:00.0	21.08.2020	20200821000000	20200821	202008	202034	20203	4	2020	03	08	34	2020	04	21

Abbildung 4.7: Join mit M_TIME_DIMENSION – Ergebnis

Wie Sie hier erkennen, wurde so eine schnelle Ermittlung der Kalenderwoche ermöglicht.

Füllen der Zeiten

Bevor Sie die M_TIME_DIMENSION nutzen können, müssen Sie diese einmalig befüllen, denn in der Standardauslieferung von der SAP ist diese Tabelle leer.

Befüllen M_TIME_DIMENSION

Das Befüllen der HANA-Zeitdimensionen in der Tabelle M_TIME_DIMENSION erfolgt in der Quick-View-Ansicht in Eclipse (siehe Abbildung 4.8) durch Auswahl des Eintrags GENERATE TIME DATA.

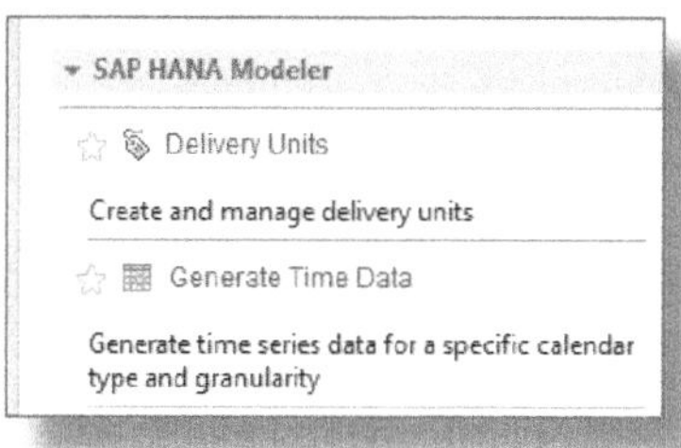

Abbildung 4.8: Zeitgenerierung in Quick View

Im Folgeschritt wählen Sie das HANA-System, auf dem Sie die Tabelle füllen möchten. Anschließend legen Sie die Granularität fest – empfehlenswert wäre Tag (*Day*) – und welches der erste Tag der Woche (für den Wochentag Montag = 1) sein soll (siehe Abbildung 4.9).

Die Folgetage (Dienstag = 2 bis Sonntag = 7) werden dann entsprechend vom System intern erzeugt. Bevorzugen Sie die USA-Sicht, wäre der Sonntag der erste Wochentag (Sonntag = 1, Montag = 2 bis Samstag = 7).

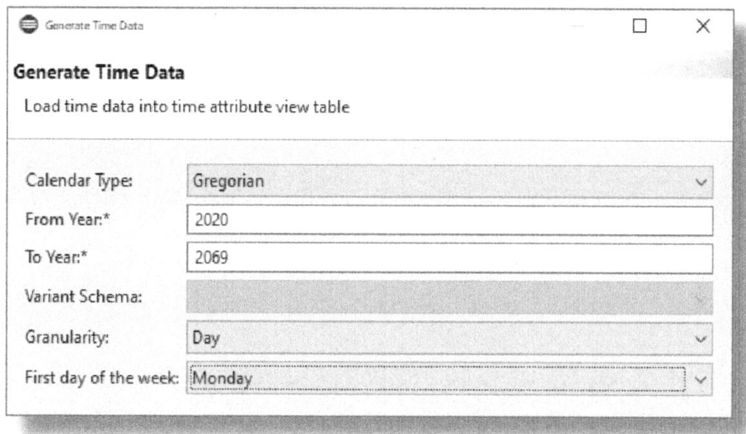

Abbildung 4.9: Selektion und Granularität für die Befüllung der Zeittabellen

Die Befüllung lässt sich in einem Schritt nur für maximal 50 Jahre vornehmen, wobei Sie die Schritte wiederholen können, um z. B. die Zeiten von 1950 bis 2050 zu befüllen.

5 Performanceaspekte von SQLScript

In diesem Kapitel möchte Ich Ihnen aufzeigen, wie Sie die Performance Ihres SQLScript überprüfen können. Anhand von Beispielen werde ich darstellen, wie Sie mit wenig Aufwand Ihre Prozeduren analysieren. Die PlanViz-Funktionalität, die ich beschreiben werde, funktioniert mit Calculation Views, Table Functions bis hin zu SAP BW Queries.

In puncto Performance von SQLScript sollten Sie nicht alles der HANA DB überlassen, nur weil diese bereits von Anfang an eine schnelle Performance aufweist. Neben der Performance bzw. Antwortzeit einer SQL-Abfrage ist es wichtig, stets den Speicherverbrauch und die Speichergröße im Blick zu haben.

Im Grunde gilt bei HANA-SQLScript-Ausführungen:

- Die HANA-Ausführung nimmt sich so viel Speicher, wie zur Ausführung benötigt wird.
- HANA nimmt sich so viel CPU, wie zur Ausführung und optimalen Performance benötigt wird.

Performanceoptimierung über *.ini-Konfigurationsfiles

Mittels der Einstellungen der *global.ini* und *indexserver.ini* können Sie Ihre HANA-Applikation schützen. Hier sollten Sie eine Speicherbegrenzung durch Ihre Administration vorsehen, sodass z. B. eine einzelne SQL-Abfrage max. 500 GB nutzen darf und Ihr System nicht durch fehlerhafte SQLScript-Programmierung gefährdet wird.

Ebenso kann die maximale Anzahl von CPU pro Session eingeschränkt werden. Genaue Informationen hierzu finden Sie in der SAP-Hilfe unter dem Stichwort »Define Memory Allocation Limits«.

Ich empfehle Ihnen, jedes produktive HANA-System durch Customizing zumindest im Bereich des HANA-Speichers (»heißer« Datenbereich) oder der CPU einzuschränken, um eventuelle Fehler zu vermeiden. Besonders bei sehr komplexen SQLScript-Programmen, die auf viele Tabellen zugreifen, lassen sich so einzelne Prozesse begrenzen. Das ist wichtig, da jede Teilabspaltung von Sub-Queries durch die Optimierungen zu einer sehr hohen Parallelität von CPU-Prozessen und Speicher-Allokationen führen kann.

5.1 Analyse von SQLScript mithilfe von PlanViz

Bevor ich Ihnen ein paar Optimierungen im Code zeige, möchte ich kurz auf das Tool *PlanViz* eingehen, das in Eclipse/HANA Studio integriert ist, um SQLScript und SQL-Anweisungen in Bezug auf Laufzeit und Datenmengen auszuwerten.

Ausführung mit PlanViz

PlanViz führt Ihr selektiertes SQLScript genau so aus, wie Sie es programmiert haben. Wenn Sie also große Statements in Bezug auf Datenmengen erstellt haben und diese testen möchten, wird Ihnen PlanViz den kompletten Speicherverbrauch anzeigen. Sie sollten daher erst einmal mit Filtern arbeiten, über die Sie sich dem finalen SQL nähern, bevor Sie Ihr HANA-System komplett auslasten.

Im Rahmen des Buches gehe ich nicht im Detail auf die Funktionalität von PlanViz ein, aber ich möchte am Beispiel der folgenden Codings aufzeigen, wie die Laufzeiten der Befüllung von Tabellen dargestellt werden und sich Ausführungspläne ändern können. Bei allen dargestellten Zeiten handelt es sich um eine kleine Anzahl von Testdaten, die eine Performanceverbesserung natürlich nur ansatzweise darstellen können.

Eine PlanViz-Auswertung Ihres SQLScripts erhalten Sie, indem Sie die jeweilige(n) Codezeile(n) markieren (wie auch bei selektiver Ausführung) und dann mittels rechter Maustaste VISUALIZE PLAN • EXECUTE auswählen (siehe Abbildung 5.1).

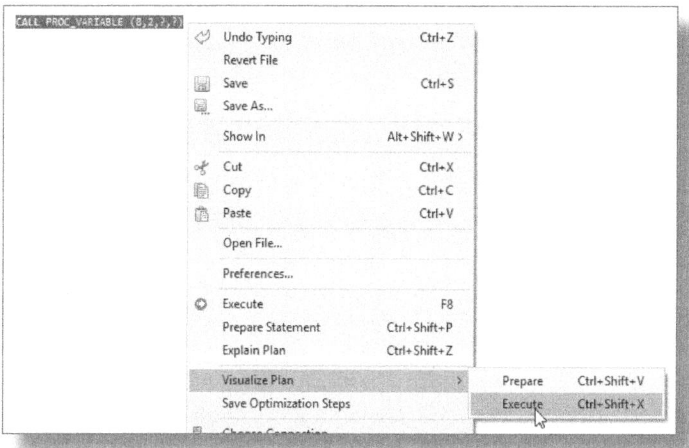

Abbildung 5.1: Start PlanViz

Die genauen Auswertungssichten erkläre ich Ihnen anhand der nachfolgenden Beispiele.

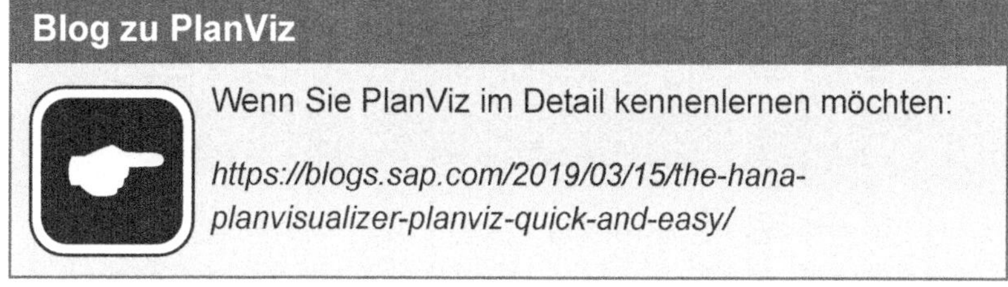

Blog zu PlanViz

Wenn Sie PlanViz im Detail kennenlernen möchten:

https://blogs.sap.com/2019/03/15/the-hana-planvisualizer-planviz-quick-and-easy/

5.2 Parallel Execution

Neben der Parallelisierung, die durch den Optimizer entschieden wird, jedoch nicht durch den Anwender beeinflussbar ist, kann eine Parallelisierung direkt durch SQLScript erfolgen, indem Sie in Ihren Prozeduren den Einsatz von *Parallel Execution* aktivieren. Diese Vorgehensweise ist besonders wirkungsvoll und zu empfehlen, wenn eine hohe Performance benötigt wird.

Parallelität von SQL-Ausführungen

Wenn Sie diese Funktionalität nutzen möchten, empfehle ich Ihnen, die Parametrisierung Ihrer HANA DB in Bezug auf CPU und Speicher zu optimieren (siehe Hinweis zur Ausführung von PlanViz).

Als Beispiel habe ich zunächst fünf Tabellen erstellt und anschließend befüllt.

```
CREATE COLUMN TABLE MY_TAB1(A INT);
CREATE COLUMN TABLE MY_TAB2(A INT);
CREATE COLUMN TABLE MY_TAB3(A INT);
CREATE COLUMN TABLE MY_TAB4(A INT);
CREATE COLUMN TABLE MY_TAB5(A INT);
```

Im nächsten Schritt erzeuge ich die Prozedur, anhand derer ich Ihnen die Vorteile der parallelen Ausführung aufzeigen möchte (siehe Listing 5.1).

```
--Prozedur mit Parallelausführung
CREATE PROCEDURE MY_Parallel_Update AS
BEGIN
    --BEGIN PARALLEL EXECUTION
      UPDATE MY_TAB1 SET A = to_integer((select count(*) from
SALES));
      UPDATE MY_TAB2 SET A = (select count(*) from SALES);
      UPDATE MY_TAB3 SET A = (select count(*) from SALES);
      UPDATE MY_TAB4 SET A = (select count(*) from SALES);
      UPDATE MY_TAB5 SET A = (select count(*) from SALES);
    --END;
END;
```

Listing 5.1: Beispiel für parallele Ausführung in HANA mit SQLScript

Wie Sie im Beispielcode erkennen, habe ich zwei Zeilen mit jeweils einem Kommentar versehen:

```
-- BEGIN PARALLEL EXECUTION
-- END
```

Um die Ausführung/Laufzeit Ihrer Prozedur anzuzeigen, markieren Sie den Aufruf der gerade erstellten Prozedur `CALL MY_Parallel_Update` und starten PlanViz, wie in Abbildung 5.1 dargestellt.

Unter Statement Statistics werden Ihnen daraufhin die entsprechenden Laufzeiten ausgegeben (siehe Abbildung 5.2).

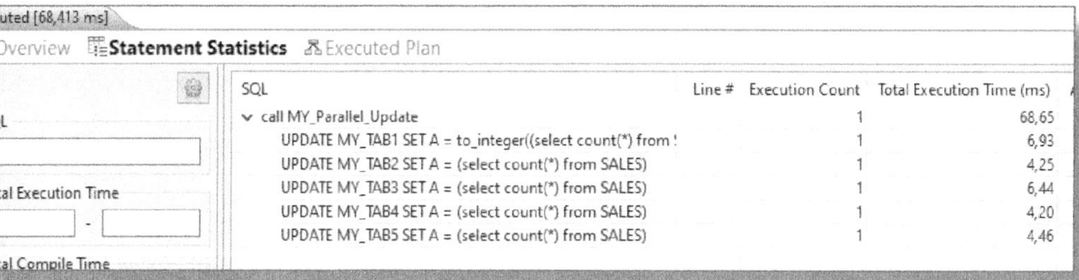

Abbildung 5.2: Ausführungszeit der Prozedur – Standard

Da das Coding der Prozedur das Befüllen der fünf Tabellen seriell ausführt (quasi im Standard), erkennt man unter Executed Plan den Ausführungsplan mit den jeweiligen Zeiten, die sich in Summe auf 68 Millisekunden addieren (siehe Abbildung 5.3).

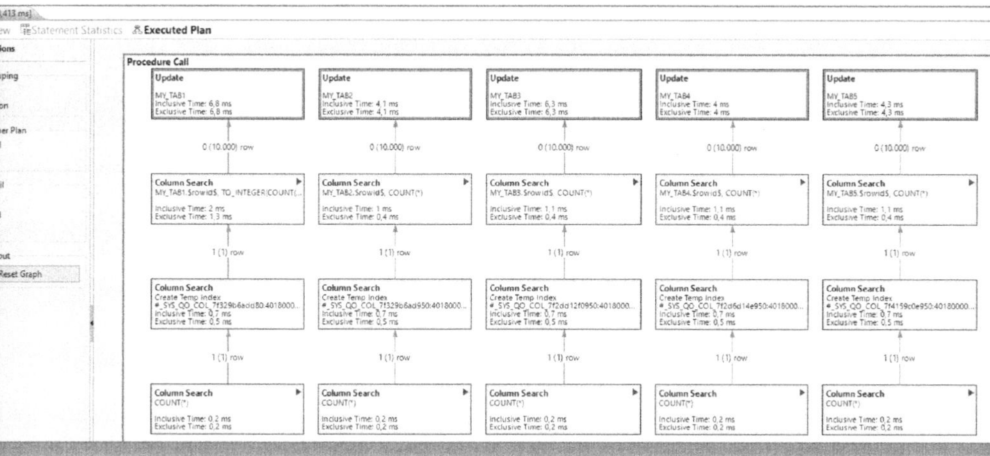

Abbildung 5.3: Ausführungsplan der Prozedur – Standard

Um nun die parallele Ausführung vorzunehmen, löschen Sie Ihre Prozedur mit dem Befehl `DROP procedure MY_Parallel_Update` und entfernen danach die beiden Kommentarzeichen, sodass Ihr Coding die Befüllung der Tabellen innerhalb der parallelen Ausführung wie folgt vornimmt:

```
BEGIN PARALLEL EXECUTION
... Code der Prozedur ...
END
```

Anschließend sollten Sie die Prozedur erneut aktivieren und PlanViz durch Selektion von `CALL MY_Parallel_Update` ein weiteres Mal starten (siehe Abbildung 5.1).

Im ersten Schritt entspricht die Darstellung des Ergebnisses Abbildung 5.2.

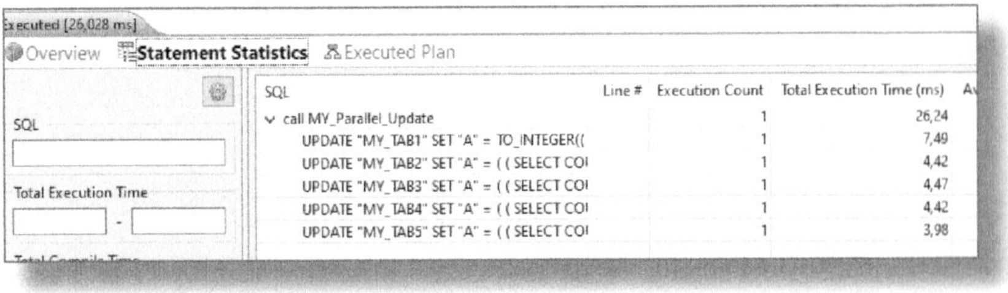

Abbildung 5.4: Ausführungszeit der Prozedur – Parallel Execution

Auf den zweiten Blick fällt jedoch die Laufzeit ins Auge, die bei gleicher Datenlage statt 68 Millisekunden nur 26 Millisekunden beträgt. Selbst bei dieser kleinen Datenmenge an Testdaten haben wir also eine Verbesserung um mehr als 50 Prozent erreicht.

Im Ausführungsplan (siehe Abbildung 5.5) erkennt man statt fünf Einzelschritten nur noch einen einzigen Schritt.

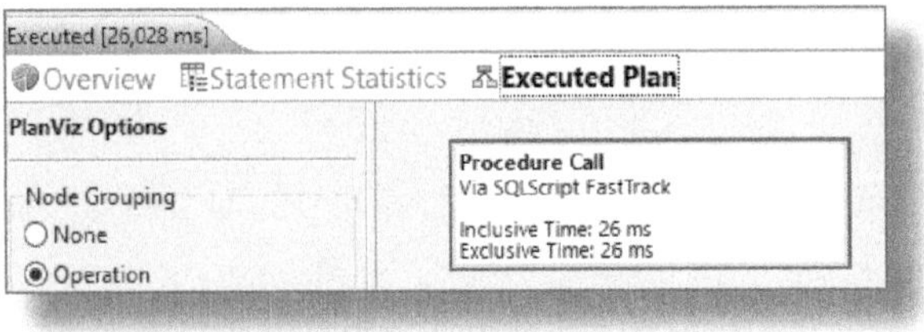

Abbildung 5.5: Ausführungsplan der Prozedur – Parallel Execution

Wie bereits erwähnt, bietet der parallele Aufruf in Einzelfällen Vorteile, sollte jedoch keinesfalls grundsätzlich zum Einsatz kommen, da er zu einer erhöhten Belastung Ihrer HANA DB führen kann.

5.3 Abfragen einschränken

Vor der Abfrage über Tabellen in Schleifen sollte geprüft werden, ob die Tabellen Inhalte aufweisen. Das folgende Beispiel zeigt Ihnen, wie man in Prozeduren die Weiterverarbeitung davon abhängig machen kann, ob das Ergebnis einer vorherigen Tabelle vorhanden ist.

SQLScript-Befehle: Vergleich HANA 1.0 und HANA 2.0

Auch im Performancebereich bietet HANA ab Version 2.0 mehr Funktionen als HANA 1.0. Ich lege Ihnen nahe, die jeweils aktuelle SQL-Dokumentation der Funktionen passend zu Ihrem Release und Service Pack (SP) zu lesen, da hier mit jedem Patch enorme Verbesserungen ausgeliefert werden.

Falls ein Ergebnis einer internen Tabelle leer sein sollte, ergibt es unter Umständen keinen Sinn, diese weiterhin als Quelle von Joins oder ähnlicher Logik zu verwenden, da ihre Ausführung zum Abbruch führen würde.

Das Beispiel aus Listing 5.2 zeigt eine kopfgesteuerte Prozedur, die die weitere Verarbeitung abbrechen würde, wenn kein Zwischenergebnis existiert.

```
--Prozedur mit Abbruchkriterien
CREATE PROCEDURE PROC_IS_EMPTY ( out o_Count integer)
    LANGUAGE SQLSCRIPT
    SQL SECURITY INVOKER
    READS SQL DATA AS

    BEGIN
          it_table =
```

```
        SELECT
        PID as "Artikelnummer" ,
        COUNT(*) as "Anzahl Kunden pro Produkt",
        'von' as "von",
        (SELECT COUNT(*) FROM KUNDE) as "Summe Kunde"
        FROM SALES AS S,
        KUNDE AS K
        WHERE S.UID = K.UID
        GROUP BY PID ;

--Mache nur weiter, wenn überhaupt ein Ergebnis vorhanden
        IF IS_EMPTY(:it_table) THEN
--Kein Ergebnis, dann stoppe jegliche Weiterverarbeitung der
Prozedur
        RETURN;
        ELSE
        o_count= '222';  --Wert nur als Beispiel; siehe
RECORD COUNT

--RECORD_COUNT ab HANA 2.0
--o_count:=RECORD_COUNT(:it_table);
        END IF;
END;
```

Listing 5.2: Beispiel einer Prozedur mit Abbruchkriterien

Nach der Aktivierung und dem Aufruf der Prozedur durch `CALL PROC_IS_EMPTY (?)` erhalten Sie je nach Datenlage Ihrer Testdatentabellen die Ausgabe des Werts 222 oder keinen Wert.

Es sollte also aus Performancesicht **immer** eine Kopfsteuerung der Routinen erfolgen, um unnötige Schritte und Laufzeiten in der DB zu vermeiden.

Im obigen Beispiel habe ich den Teil, der ab HANA 2.0 zur Verfügung steht, auskommentiert. Ab dieser Version können Sie die Anzahl der Zeilen auch mithilfe von `RECORD_COUNT( Tabelle )` überprüfen.

Übergabe von Parametern für die Performance

Wie die Feststellung, ob eine Routine aufgrund fehlender Daten abgebrochen werden sollte, wird eine Abfrage in der Regel auch durch eine Selektion auf Basis übergebener Parameter beschleunigt. Ein SELECT * sollte bei Abfragen allerdings immer vermieden werden. Auch hier gilt die Regel, nur so viele Spalten wie nötig zu selektieren, selbst wenn die Angabe von SELECT * einfacher und bei der Implementierung schneller wäre. Ebenso sollten Sie aus Speicherplatzsicht sparsam vorgehen; weniger ist manchmal mehr. Bevorzugen Sie die Übergabe von Parametern, statt in SQLScript »hartcodiert« zu arbeiten.

In diesem Sinn ist `WHERE SPALTE = :var1` besser als `WHERE SPALTE = '21.08.2020'`.

In Listing 5.3 sehen Sie ein kleines Beispiel, an dem zu erkennen ist, dass bereits bei kleinen Datenmengen erhebliche Performanceunterschiede auftreten können.

```
--Prozedur mit Variablen optimiert
CREATE PROCEDURE PROC_VARIABLE (IN var1 INT, IN var2 INT, OUT
tab1 "SALES", OUT tab2 "SALES")

    LANGUAGE SQLSCRIPT
    SQL SECURITY INVOKER
    READS SQL DATA AS

BEGIN
--GANZ schlecht
tab1 = SELECT * FROM SALES;
--schon besser
tab2 = SELECT * FROM SALES
WHERE UID > :var1   OR UID = :var2;
--am besten, dann muss aber die Ausgabestruktur auch
angepasst oder dynamisiert werden
--tab3 = Select UID, PID FROM SALES WHERE UID > :var1  OR UID
= :var2;
END;
```

Listing 5.3: Beispiel für Select mit Variablenübergabe

Wenn Sie nach Aktivierung der Prozedur das Tool PlanViz mit `CALL PROC_VARIABLE (8,2,?,?)` aufrufen, werden Sie am Code erkennen, wie sich die Laufzeiten der Befüllung der Tabellen TAB1 und TAB2 unterscheiden. Navigieren Sie dazu zum ausgeführten Modell: In Abbildung 5.6 erkennt man, dass die mit Variablen versehene Ausführung von TAB2 3,5 Millisekunden, die von TAB1 (ohne Filterung) 5,1 Millisekunden benötigt hat.

Der Unterschied ist in Bezug auf Ihre Demodaten nicht besonders groß, aber im Rahmen von produktiven SAP-Daten, die sich im Bereich von mehreren Millionen Records bewegen, können Sie durch eine frühestmögliche Filterung oder den Abbruch von Routinen, wenn keine Daten gelesen wurden, eine bemerkbare Performancesteigerung erreichen.

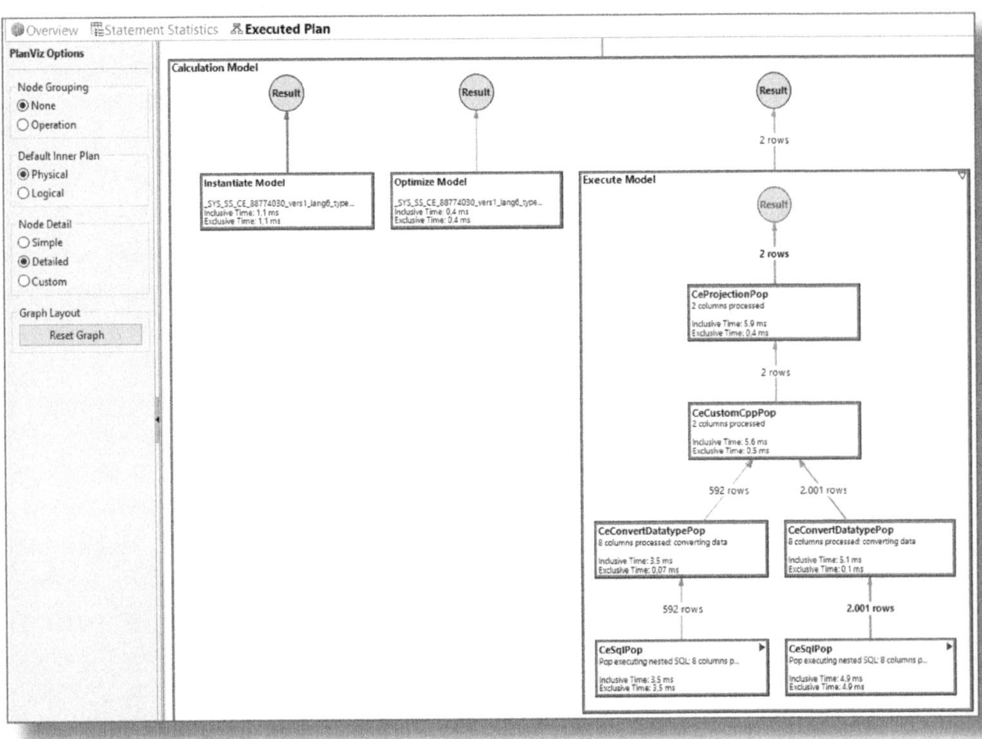

Abbildung 5.6: Befüllung der beiden internen Tabellen – Ausführungsplan

Wie Sie an den Beispielen erkennen, können selbst bei kleinen Datenmengen auch geringe Anpassungen am Code eine große Wirkung entfalten. Daher möchte ich Ihnen vor jeder Produktivsetzung PlanViz als Tool für Performanceüberprüfungen nahelegen, um Probleme bereits im Vorfeld zu erkennen.

5.4 Vermeidung von Schleifen

In Abschnitt 1.14.4 haben Sie bereits eine Schleife über HANA-Daten kennengelernt, mit deren Hilfe Sie kurzfristige Probleme und Anforderungen lösen können. Nun möchte ich Ihnen aufzeigen, dass in der SQLScript-Programmierung, gerade wenn Sie aus der ABAP-Welt kommen und über interne Tabellen mit Schleifen arbeiten, HANA rasch langsam wird.

Im Beispiel werden Sie aus der Tabelle KUNDE alle Datensätze ändern, die als Land die Zuordnung »DE« aufweisen (siehe Abbildung 5.7).

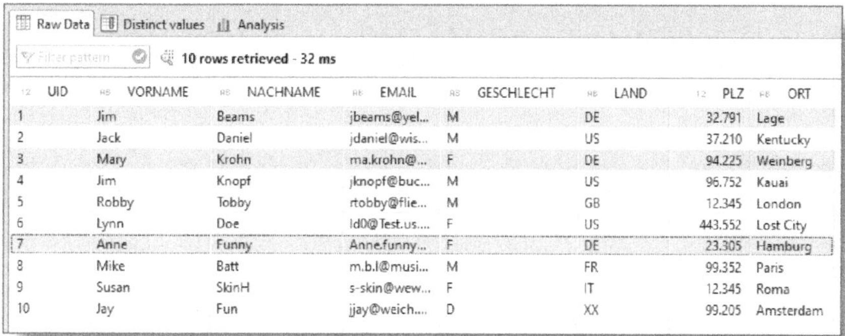

Raw Data | Distinct values | Analysis

Filter pattern | 10 rows retrieved - 32 ms

UID	VORNAME	NACHNAME	EMAIL	GESCHLECHT	LAND	PLZ	ORT
1	Jim	Beams	jbeams@yel...	M	DE	32.791	Lage
2	Jack	Daniel	jdaniel@wis...	M	US	37.210	Kentucky
3	Mary	Krohn	ma.krohn@...	F	DE	94.225	Weinberg
4	Jim	Knopf	jknopf@buc...	M	US	96.752	Kauai
5	Robby	Tobby	rtobby@flie...	M	GB	12.345	London
6	Lynn	Doe	ld0@Test.us....	F	US	443.552	Lost City
7	Anne	Funny	Anne.funny...	F	DE	23.305	Hamburg
8	Mike	Batt	m.b.l@musi...	M	FR	99.352	Paris
9	Susan	SkinH	s-skin@wew...	F	IT	12.345	Roma
10	Jay	Fun	jjay@weich....	D	XX	99.205	Amsterdam

Abbildung 5.7: Daten in der Tabelle »KUNDE« vor der Änderung

Um diese Daten im Sinne eines schlechten Performancebeispiels anzupassen, erstellen Sie eine Prozedur gemäß Listing 5.4.

```
--Prozedur für Performancetest
CREATE PROCEDURE "CHECK PERFORMANCE" ()
```

```
LANGUAGE SQLSCRIPT SQL
SECURITY INVOKER

--DEFAULT SCHEMA "MY_SCHEMA"
 AS
BEGIN
/******************************
 Set Default Session Client = '002' to all available users
 ******************************/
DECLARE LV_UID_COUNT integer;
DECLARE LV_SQL VARCHAR(299);
DECLARE LV_LAND varchar(30);
DECLARE LV_UID varchar(30);
DECLARE I Integer;

 --Anzahl der Anwender/User für den Loop
SELECT COUNT(*) INTO LV_UID_COUNT FROM "KUNDE";

--Auslesen aller User für die Bearbeitung
t1= select UID,LAND from "KUNDE";
       --Loop von 1 bis Anzahl der User
       FOR i IN 0 .. :LV_UID_COUNT-1 DO  --Loop Beginn

           SELECT "UID"
           INTO LV_UID
           FROM :T1
           LIMIT 1 OFFSET :i; --Info: OFFSET indexes beginnen
mit 0, nicht 1

           SELECT "LAND"
           INTO LV_LAND
           FROM :T1
           LIMIT 1 OFFSET :i;

if :LV_LAND = 'DE' THEN
--Aufbau des dynamischen SQLScripts (siehe auch Kapitel 5 :)
)
       LV_SQL := 'UPDATE KUNDE SET LAND = ''NL'' WHERE UID
=''' || LV_UID ||  '''' ;
     --Update der User-Parameter des einzelnen Loop User via
dynamischem EXEC SQL
```

```
        EXEC (:LV_SQL);
    END IF;
    END FOR;  --Ende des Loops

    END;
```

Listing 5.4: Beispiel für schlechte Performance

Wie Sie erkennen können, wird Zeile für Zeile eine Schleife über die Kundendaten durchlaufen, um dann individuell mit `EXEC SQL` die entsprechende Änderung durchzuführen.

Wenn Sie die Prozedur `CALL "CHECK PERFORMANCE"` mit PlanViz aufrufen, sehen Sie im Ausführungsplan (siehe Abbildung 5.8), dass die Schleife insgesamt eine Ausführungszeit von ca. 350 Millisekunden benötigt.

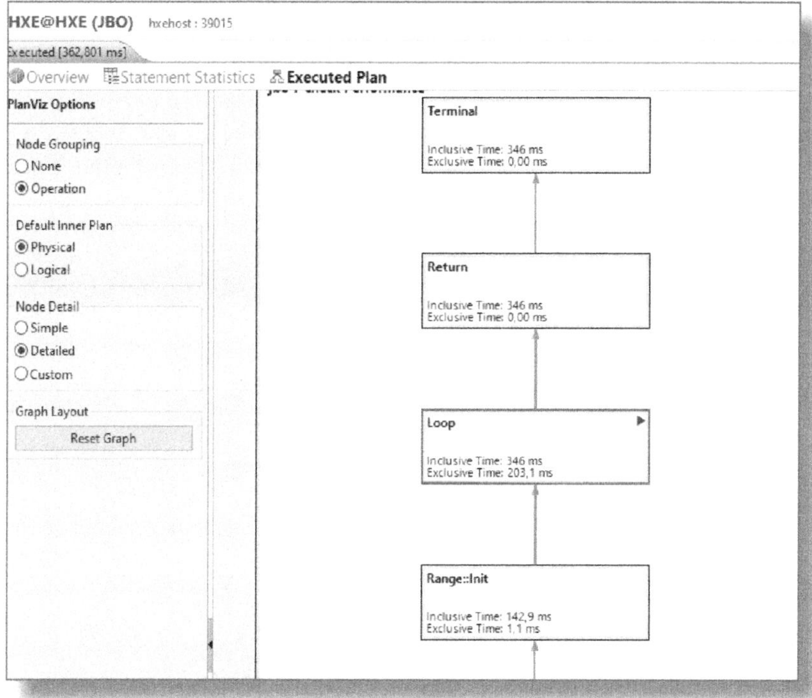

Abbildung 5.8: Ausführungszeit für Schleife in PlanViz

Die Ausführung ließe sich deutlich beschleunigen, wenn SQLScript keine Schleife verwendet, sondern die Änderungen als komplette Anweisung an die DB übergibt. Verwenden Sie dafür das Kommando `UPDATE KUNDE SET LAND = 'NL' WHERE LAND = 'DE'` (siehe Abbildung 5.9).

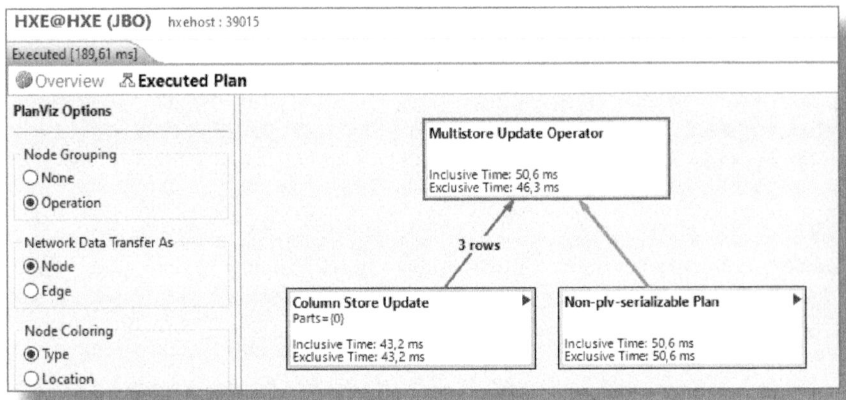

Abbildung 5.9: Ausführungszeit Update in PlanViz

Das Ergebnis bei beiden Operationen ist identisch, nur dass statt 350 Millisekunden der direkte Update-Befehl mit 50 Millisekunden um Faktor 7 schneller ist (siehe Abbildung 5.10). Das Coding ist zudem weniger umfänglich und übersichtlicher.

Raw Data | Distinct values | Analysis

10 rows retrieved - 15 ms

UID	VORNAME	NACHNAME	EMAIL	GESCHLECHT	LAND	PLZ	ORT
2	Jack	Daniel	jdaniel@wis...	M	US	37.210	Kentucky
4	Jim	Knopf	jknopf@buc...	M	US	96.752	Kauai
5	Robby	Tobby	rtobby@flie...	M	GB	12.345	London
6	Lynn	Doe	ld0@Test.us....	F	US	443.552	Lost City
8	Mike	Batt	m.b.l@musi...	M	FR	99.352	Paris
9	Susan	SkinH	s-skin@wew...	F	IT	12.345	Roma
10	Jay	Fun	jjay@weich....	D	XX	99.205	Amsterdam
1	Jim	Beams	jbeams@yel...	M	NL	32.791	Lage
3	Mary	Krohn	ma.krohn@...	F	NL	94.225	Weinberg
7	Anne	Funny	Anne.funny...	F	NL	23.305	Hamburg

Abbildung 5.10: Ergebnis Update der Tabelle KUNDE

In vielen Projekten habe ich leider gesehen, dass die SQLScript-Anwendung analog zu ABAP gehandhabt wird. Jedoch sollte SQLScript möglichst immer auf Schleifen verzichten und in einem komplexen SQL-Statement enden.

5.5 Dynamisches SQL

Dynamisches SQL, wie es in Abschnitt 5.4 verwendet wurde, sollte in SQLScript möglichst vermieden werden, da es durch den Optimizer nicht ideal einsetzbar ist. Unter bestimmten Umständen führt eine solche dynamische Programmierung außerdem zu Sicherheitslücken im Bereich der Berechtigungen, weil der Optimizer Tabellen nicht genau auflösen kann.

Im folgenden Beispiel wird die Variable `lv_sql` mit einem String gefüllt, der in eine temporäre Tabelle (#myTVARVC) alle Einträge einer Datenbanktabelle (Übergabe via Variable `LV_SYS`) mit der Eingrenzung (WHERE) ebenfalls über einen Parameter (PNAME) einfügt. Der String könnte dann wie folgt aussehen, bevor er in Listing 5.5 mit der Funktion EXEC ausgeführt wird:

```
INSERT INTO #myTVARVC ( SELECT * FROM TVARVC WHERE NAME =
'AKTUELLER_ANWENDER'
lv_sql = 'INSERT into #my_TVARVC ( SELECT * FROM ' || LV_SYS
|| ' WHERE NAME = ''' || PNAME || ''')';
EXEC (:LV_SQL);
```

Listing 5.5: String-Ausführung

Der EXEC-Befehl kann also dazu dienen, parametrisierten Code erst zu konkatenieren, dann auszuführen. Mittels dynamischem SQL lassen sich allerdings sehr komplexe SQL-Befehle zusammenfassen und als Gesamtanweisung an die DB übergeben. In der Regel können solche zusammengefassten Befehle auch direkt im jeweiligen SELECT auf den Spalten angewendet und ausgeführt werden.

6 Fazit

In diesem Buch habe ich versucht, Ihnen die Grundlagen von SQLScript zu vermitteln und anhand einiger Anwendungsbeispiele näherzubringen.

Ich hoffe, dass ich Sie damit anregen kann, sich weiterhin mit SQLScript zu befassen. Meiner Meinung nach wird es mehr und mehr den ABAP-Code ersetzen, da gerade in SAP BW/4HANA oder S/4HANA eine optimale Performance durch Ausführung in der Datenbank statt auf dem Applikationsserver erreichbar ist. Ich möchte Sie abschließend ermuntern, die komplexen Funktionen von SQLScript selbstständig zu erkunden. Die SAP bietet hierzu eine Vielzahl von Blogs und Online-Dokumentationen, die Ihnen Anstöße geben können, wie Sie Ihr System mittels SQLScript optimieren.

Hier eine Auswahl als Beispiele in Anlehnung an unsere Kapitel:

HANA SQLScript:

https://help.sap.com/viewer/de2486ee947e43e684d39702027f8a94/2.0.04/en-US

CDS-Views und Tools:

https://wiki.scn.sap.com/wiki/display/BI/CDS+Views%3A+Tools+and+Tables

PlanViz Analysen:

https://blogs.sap.com/2019/03/15/the-hana-planvisualizer-planviz-quick-and-easy/

Falls Sie im Bereich SQLScript Anregungen haben sollten oder Unterstützung benötigen, scheuen Sie sich nicht, mich zu kontaktieren.

Senden Sie dazu eine E-Mail an: *joerg.boeke@bianalyst.de*.

Sie haben das Buch gelesen und sind mit unserem Werk zufrieden? Bitte schreiben Sie uns eine Rezension!

Unser Newsletter

Bleiben Sie stets informiert!

Aktuelle Neuerscheinungen und exklusive Rabattaktionen einmal im Monat per Mail direkt an Sie:

Melden Sie sich noch heute an unter *http://newsletter.espresso-tutorials.de*.

A Der Autor

Jörg Böke ist SAP-BW-Solution-Architekt, Berater und Firmengründer der Beratungsfirma BIAnalyst GmbH & Co. KG, die sich mit den Bereichen SAP NetWeaver BW, BW/4HANA sowie mit HANA-Projekten einen Namen gemacht hat.

1998 startete er mit der Beratung für SAP NetWeaver BW in der Version 1.0 und hat seitdem viele nationale und internationale Firmen im Bereich BW unterstützt. Seit der Einführung von SAP HANA begleitet er zudem Kunden bei der Implementierung von HANA BW und BW/4HANA.

Nach der Mitentwicklung von BW 2.0B bei der SAP in Walldorf hat sich Jörg Böke ausgiebig mit den Themen BW-Performanceoptimierung und Housekeeping beschäftigt. Gerade das Thema Performanceoptimierung im SAP-Umfeld ist seit mehr als 20 Jahren sein Steckenpferd, das er für den Bereich HANA und SQL-Programmierung in diesem Buch mit Ihnen teilen möchte.

Bevor er sich den Produkten der SAP zuwandte, hat er sich mit SQL-Programmierung im Microsoft-Umfeld beschäftigt. Dieses Buch führt ihn sozusagen zu den Anfängen zurück. Die Erfahrung, die er seit 1989 mit SQL sammeln konnte, helfen in vielerlei Hinsicht, in der »neuen« SAP-Welt unter HANA selbst sehr komplexe Anforderungen auch in Hinblick auf eine gute Performance optimal umzusetzen. Zudem hat er mithilfe von SQLScript für viele Kunden individuellen »technischen Content« entwickelt, der z. B. die Überwachung von S/4HANA wie auch BW/4HANA ermöglicht.

B Index

C Disclaimer

Die in diesem Werk wiedergegebenen Gebrauchsnamen, Handelsnamen, Warenbezeichnungen usw. können auch ohne besondere Kennzeichnung Marken sein und als solche den gesetzlichen Bestimmungen unterliegen. Sämtliche in diesem Werk abgedruckten Bildschirmabzüge unterliegen dem Urheberrecht der SAP SE, Dietmar-Hopp-Allee 16, 69190 Walldorf.

In dieser Publikation wird auf Produkte der SAP SE Bezug genommen. SAP, R/3, SAP NetWeaver, Duet, PartnerEdge, ByDesign, SAP BusinessObjects Explorer, StreamWork und weitere im Text erwähnte SAP-Produkte und -Dienstleistungen sowie die entsprechenden Logos sind Marken oder eingetragene Marken der SAP SE in Deutschland und anderen Ländern. Business Objects und das Business-Objects-Logo, BusinessObjects, Crystal Reports, Crystal Decisions, Web Intelligence, Xcelsius und andere im Text erwähnte Business-Objects-Produkte und -Dienstleistungen sowie die entsprechenden Logos sind Marken oder eingetragene Marken der Business Objects Software Ltd. Business Objects ist ein Unternehmen der SAP SE. Sybase und Adaptive Server, iAnywhere, Sybase 365, SQL Anywhere und weitere im Text erwähnte Sybase-Produkte und -Dienstleistungen sowie die entsprechenden Logos sind Marken oder eingetragene Marken der Sybase Inc. Sybase ist ein Unternehmen der SAP SE. Alle anderen Namen von Produkten und Dienstleistungen sind Marken der jeweiligen Firmen. Die Angaben im Text sind unverbindlich und dienen lediglich zu Informationszwecken. Produkte können länderspezifische Unterschiede aufweisen.

Der SAP-Konzern übernimmt keinerlei Haftung oder Garantie für Fehler oder Unvollständigkeiten in dieser Publikation. Der SAP-Konzern steht lediglich für SAP-Produkte und -Dienstleistungen nach der Maßgabe ein, die in der Vereinbarung über die jeweiligen Produkte und Dienstleistungen ausdrücklich geregelt ist. Aus den in dieser Publikation enthaltenen Informationen ergibt sich keine weiterführende Haftung.

Weitere Bücher von Espresso Tutorials

Christoph Lordieck:

Praxishandbuch BOPF – das Business Object Processing Framework

- Effektiv: in 15 Minuten zum funktionierenden Datenmodell
- Einfach: neue Funktionen gezielt und schnell ergänzen oder erweitern
- Stabil: Konsistenz durch automatische Validierungen und Berechtigungsprüfungen
- Relevant: BOPF im neuen ABAP-Programmiermodell für S/4HANA

http://5314.espresso-tutorials.de

Sebastian Abshoff:

Mobile Apps mit den SAP® Cloud Platform Mobile Services

- Einrichtung der SAP Cloud Platform Mobile Services
- Micro-Apps mit SAP Mobile Cards
- Apps für iOS/Android mit SAP Cloud Platform SDK und SAP Mobile Development Kit
- Online- und Offline-OData

http://5345.espresso-tutorials.de